创意人气糕点装饰技法

白雪工作室　编著
Office SNOW
刘薇　译

中国轻工业出版社

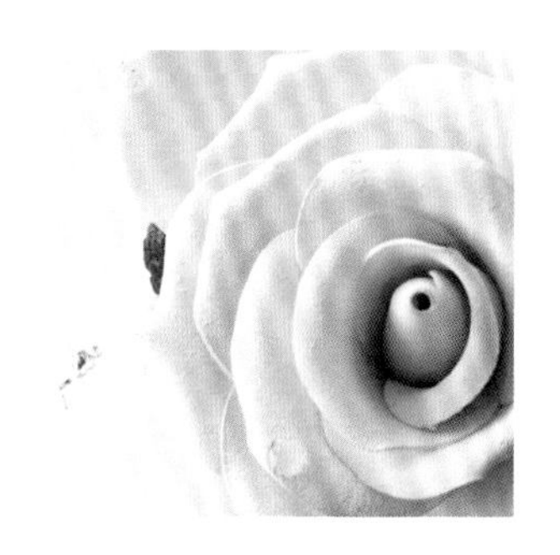

序

在高级甜品店遍地开花、精美的甜品层出不穷的世界，如何能让自己店铺的甜品杀出重围，获得青睐？

当今社会，人们很轻松地就能在社交网络上收集到甜品及店铺信息，并且仅依靠照片就能够帮助消费者做出决策。因此在这个时代，甜品外观对人购买欲的影响比以往任何时候都更加强烈。

可以让消费者产生强烈视觉感受的方法当然有很多：给甜品增加诱人的浪漫装饰元素、量身打造的可爱造型、以鲜艳的色彩唤起令人愉悦的感觉等。由此可见，甜品的装饰技术是连接甜品师和客户的重要沟通工具。

即便是使用完全相同的配件，只要在装饰造型上稍加改变，给人的印象也会大不相同。在装饰技巧运用上，不仅要努力学习制作配件的技术，同时思考出如何更好地利用这种技术也尤为重要。

本书详细介绍了在社交网络上受到广泛欢迎的甜品师的甜品制作技术以及甜品装饰手法。

“东京湾洲际酒店”的厨师长德永纯司向我们介绍了以使用小装饰品为核心，如何制造出更美观、更高利用率的装饰物的基本技术，另有五位厨师也在此展示了自己的个性化创作的蛋糕装饰手法。如何制作小装饰物并不是装饰工作的全部，了解这些甜品师的装饰方法，才应该是开启您制作灵感的敲门砖。

目　录

1 使甜品在展柜中脱颖而出的装饰物 1

2 抓住第一印象，灵活运用外形玩转甜品装饰 23

3 中山和大：一直致力于在动物和花朵等可爱主题中融入优雅 39

4 配合庆祝活动而登场的纪念性装饰造型 63

5 利用曲线及配色营造出优美的现代洛可可式装饰手法 77

6 在既定规则下量身定制装饰手法 93

1

使甜品在展柜中脱颖而出的装饰物

德永主厨教授的是以奶油蛋糕为基底的小型甜品装饰。

这是一种在基本技术的基础上，店内的所有员工都能掌握且能制作出精细的、既时尚又华丽的作品，同时失败率又很低且工作效率很高的装饰手法。

显而易见，它将成为您提高销量的直接手段，并且这也是制作大型装饰蛋糕（例如婚礼）的基本技术，因此，如果您掌握了它，还将获得更广阔的实用空间。

讲解人

东京湾洲际酒店

德永纯司

Junji Tokunaga

不调温的巧克力装饰物

未调温的巧克力具有柔软、易于成形、可塑性强、容易上手利用的特征。

因为它容易化开和滴落，因此不常被采用，但由于它在口中极易融化且可以让人很好地感受到其柔软的质地，所以较常见的用法是将其用来调味。

改善巧克力的涂抹效果有一种很常用的方法就是向巧克力中添加一定的油脂，但用量是需要根据气温的变化而改变的，而且这个方法很大程度上是依靠制作者的主观感觉的，所以我们在这里使用了所有人都能轻松上手的可可含量为100％的巧克力。将巧克力的温度升至40℃以上，完全化开之后装饰工作就可以开始了。

渐变色花瓣

1 取半份准备好的白巧克力，加入红色巧克力专用色素，混合搅拌成粉色后倒入操作盘中，厚度控制在2毫米左右。

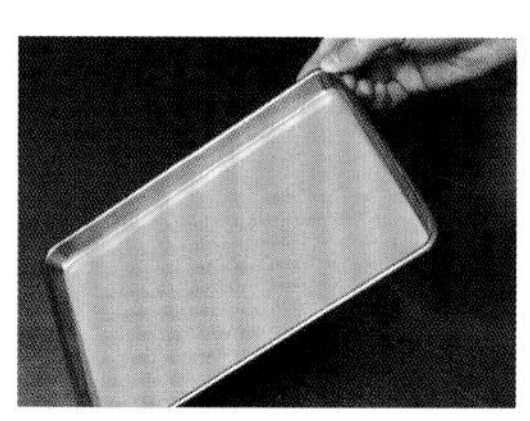

2 当巧克力浆均匀布满整个操作盘底面后，放入冰箱冷藏室使其凝固。如果让其在室温下缓慢凝固则会在中间形成结晶物，导致后期操作中不方便刮切且会影响整体美观。

3 冷却后在上方淋上未调色的另外半份白巧克力浆，厚度控制在2毫米左右，使其均匀覆盖在粉色巧克力表面，再次放入冰箱冷藏室使其凝固。

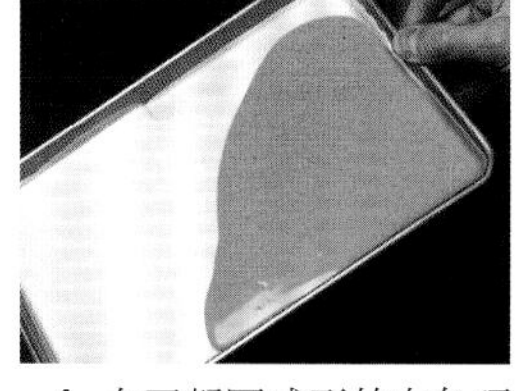

4 在已凝固成形的白色巧克力表面上重复上述粉色至白色依次逐层冷却的操作方法，共做出四层。

5 从冰箱中取出，静置直到其恢复到室温。如果直接在低温的状态下操作将很难进行下一步工作。

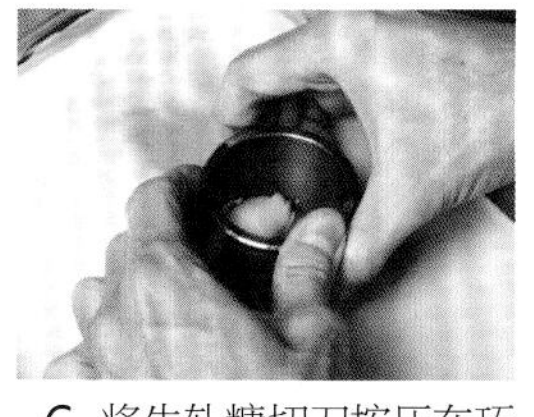

6 将牛轧糖切刀按压在巧克力上，边垂直移动切刀边刮切。操作重点是刮切时用力要均匀。操作时请注意，如果力度发生变化，刮出的花瓣表面会变得凹凸不平，从而影响整体的平滑感。

7 刮切时也可以使用环形切模，但是因为操作时需要很用力，所以使用手握处较宽的牛轧糖切刀要更便于操作。

蛋糕的完成

1 在白巧克力浆中调入同比12.5％量的色拉油以及冻干草莓，混合制成蛋糕淋面酱。

2 在奶油蛋糕上方留出1厘米厚度，其余部分全部浸入淋面酱中。

3 取出后固定在油酥蛋糕底上，用20齿裱花嘴将混有覆盆子糖浆的奶油在甜点表面叠压式裱花。

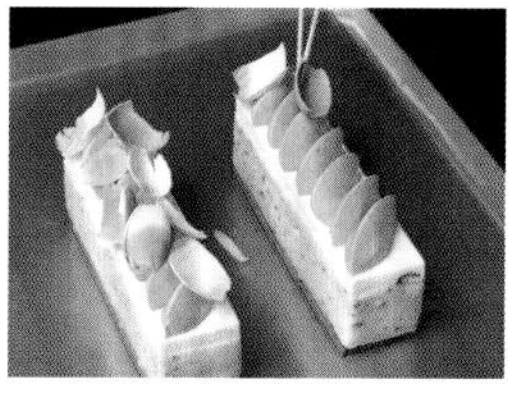

4 最后将预先做好的渐变色花瓣轻轻装饰在蛋糕顶部。

鲜奶酪奶油蛋糕

丝带

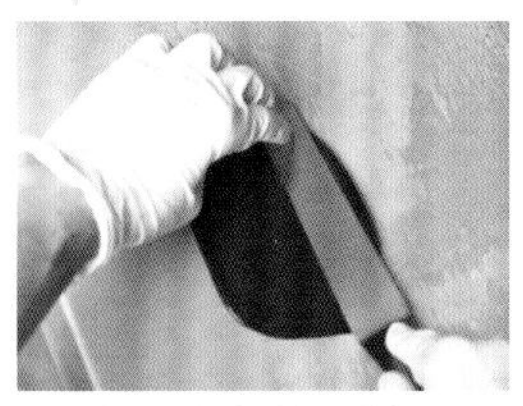

1 将巧克力化开并调温至约45℃后，倒在于冰箱中充分冷却的铁板上，刮抹至2毫米厚。因为铁板已事先被冷却，所以要提高巧克力的温度以防止其快速凝固。

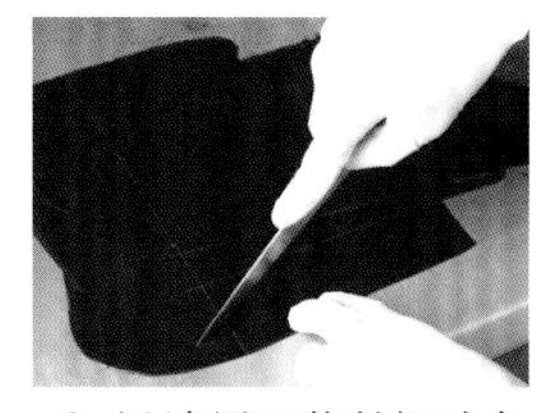

2 迅速用刀将其切成条状。如果您斜向切割，并且在操作中适当调整一下丝带的宽窄，最后做出的装饰物整体效果将会更灵动。

3 在其彻底凝固硬化之前从纸上剥下来，然后取两条放置在蛋糕上。

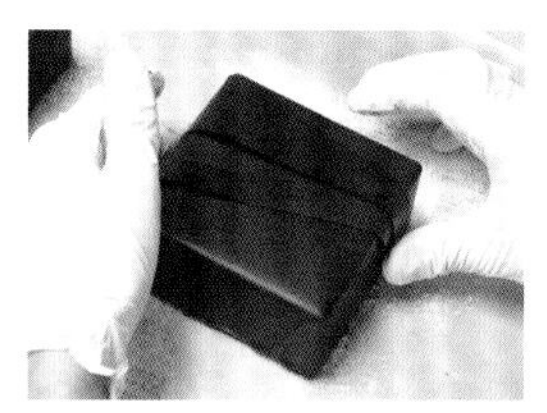

4 在其还保持柔软性时，沿蛋糕边缘将两条丝带折叠成合适状态。如果不将丝带紧箍在蛋糕表面而是做出稍微弯曲状并悬浮在蛋糕上，将有效提升整体的立体感。

封章

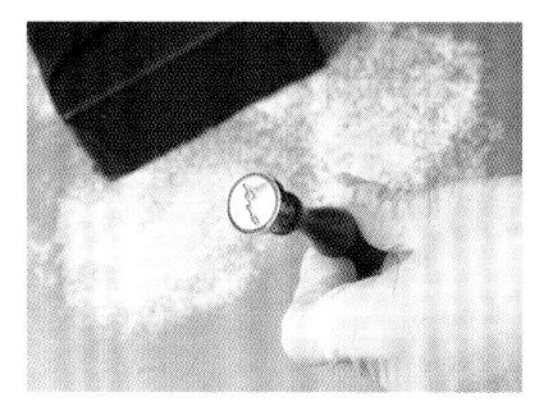

1 这里要用到信封蜡封银制火漆印章。先用吹风机吹净印章表面，放置一旁冷却备用。

2 巧克力冷却至略低于40°C的黏稠状态，装进裱花袋，然后挤压在丝带上一些。

3 将冷却后的印章按在巧克力浆上做出浮雕封章图案。

巧克力包装盒

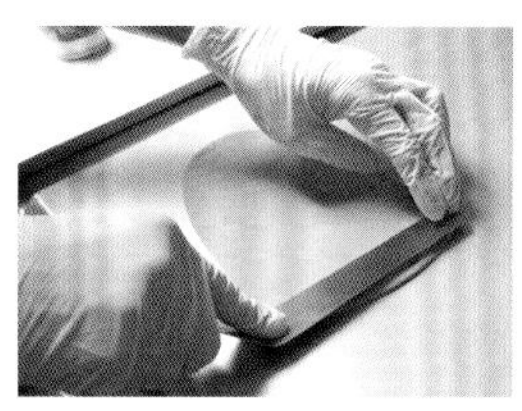

1 在白巧克力中添加红色巧克力用色素染成粉红色，将温度调节至45℃左右。把粉红色巧克力浆倒在已在冰箱冷冻室中充分冷却的铁板上，用抹刀将其薄薄地刮抹至约1毫米厚。

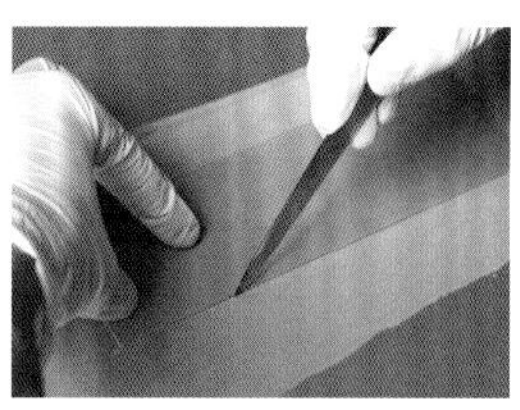

2 放置一个根据奶油蛋糕底尺寸制作的塑料长方形模具（图中尺寸为19.5厘米×6厘米），然后沿模具切割。

3 在长方形上部正中位置割出一个“L”形的切口。

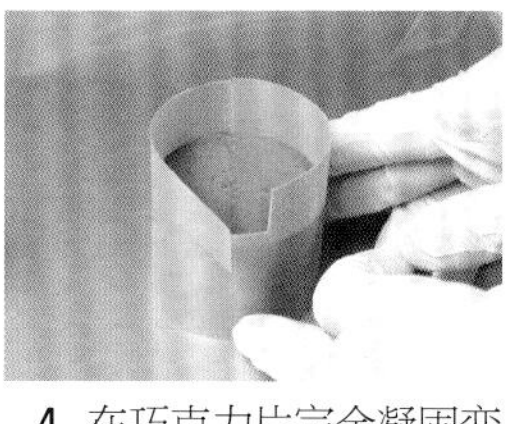

4 在巧克力片完全凝固变硬之前，将其从铁板上剥离下来，然后将其切开凹口的一面朝上，包裹在奶油蛋糕底上。

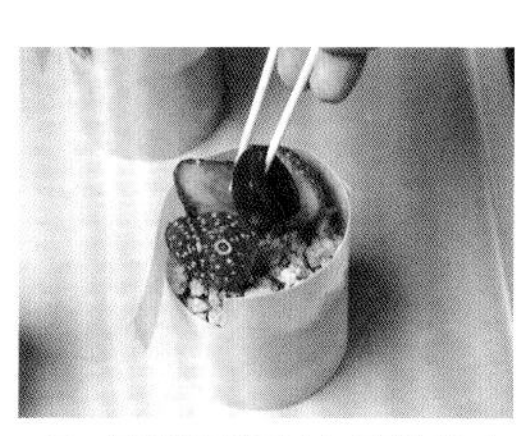

5 用油酥碎和水果装饰在顶端，就可以从缺口处看到漂亮的装饰。

黑巧勋章蛋糕
黑醋栗蛋糕
N.Y LOUNGE BOUTIQUE

调温手法制作巧克力装饰物

将棱角分明的调温巧克力装饰在光滑的甜品表面这种装饰手法在法式蛋糕店的甜品制作上是必不可少的，并且还逐渐衍生出了其他各种各样的手法。在这里，我们介绍的将是一些易于应用的典型造型装饰品。但如果一开始基本的调温处理进行得不标准的话，将影响最后的成型效果并且容易导致起霜，因此请务必在开始操作之前检查各项准备工作是否已经完成。

薄荷巧克力

浓茶

渐变色造型板

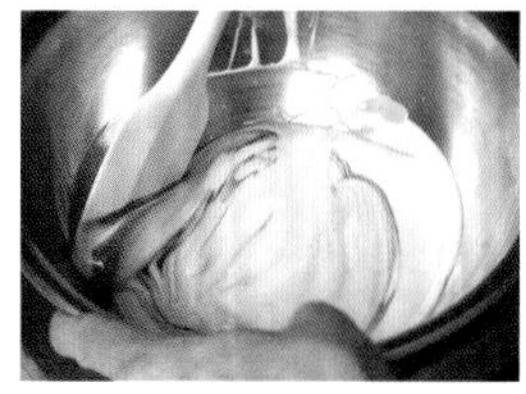

1 将绿色和黄色两种巧克力用色素添加到经过调温处理后的半份白巧克力中，混合调配成淡黄绿色。

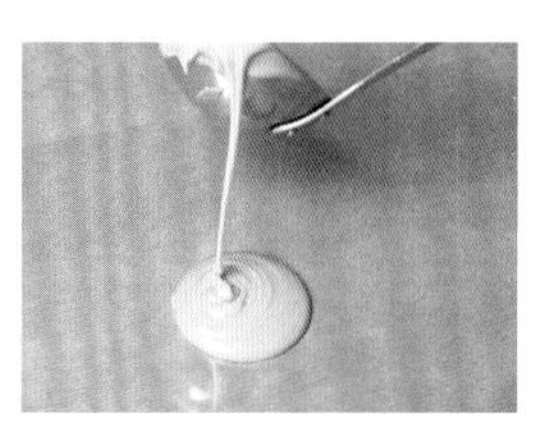

2 将透明包装纸贴在操作板上，倒上黄绿色巧克力浆。如果制作量很大的话，在铁板工作台上会很容易导致巧克力迅速凝固硬化，所以木制工作台会更适用于这步操作。

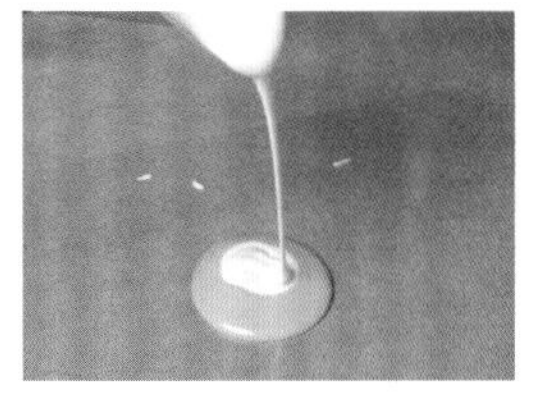

3 将与第二步中等量的另外半份未染色白巧克力浆倒在已调色的巧克力浆上。

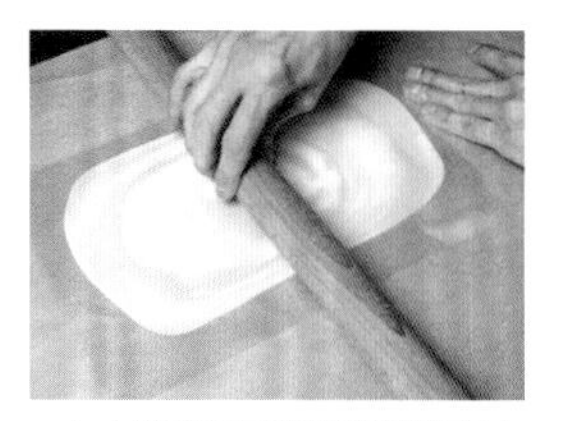

4 用塑料包装纸盖在巧克力浆上方，并用擀面杖将其擀成2毫米左右的厚度。

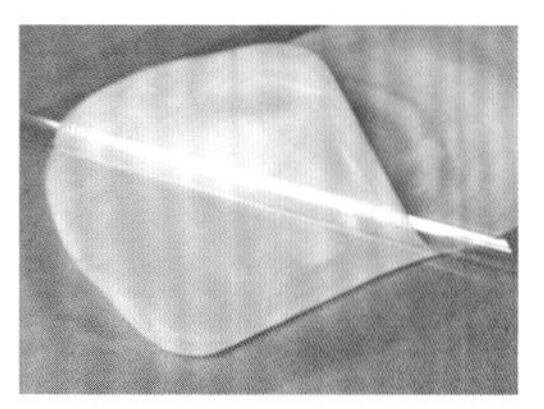

5 立即剥下两张塑料包装纸并待其凝固至不粘手的状态。

6 将塑料包装纸盖在巧克力上方，一起放在切割器上，用刮板在纸上方刮压将巧克力片切开。

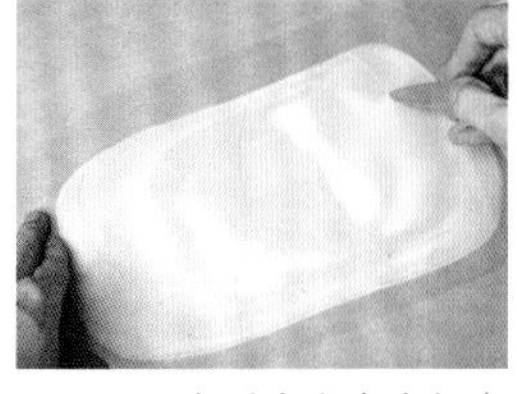

7 用刀在垂直方向上任意划出几条波浪线。

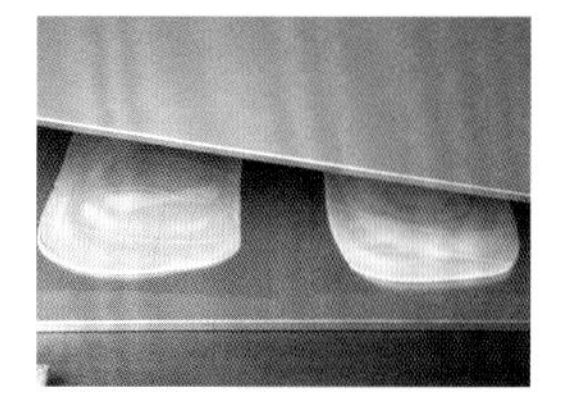

8 将其夹放在两个铁板之间使其完全冷却并硬化。

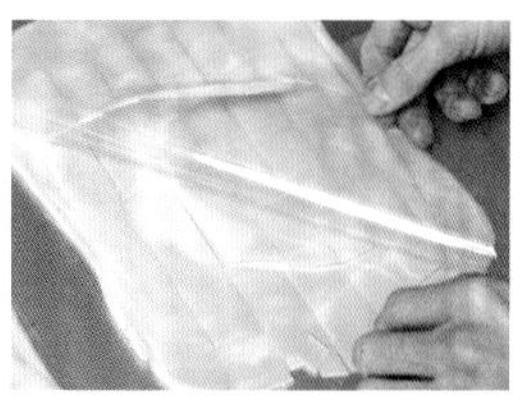

9 待其彻底硬化后揭下塑料包装纸。

波浪造型片

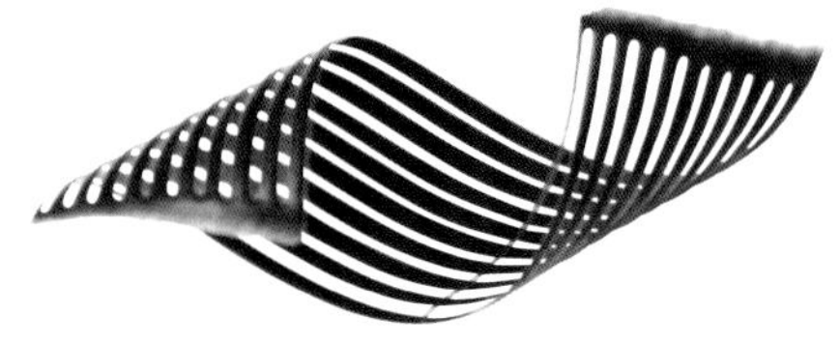

1 将经过调温处理后的巧克力薄薄地涂抹在切成3厘米宽的条形塑料包装纸上。

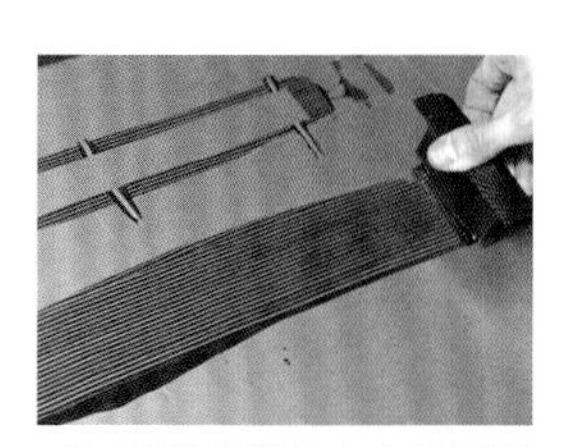

2 用橡皮梳从上方描画出细条纹图案。

3 以10厘米的间隔划出垂直分割线。

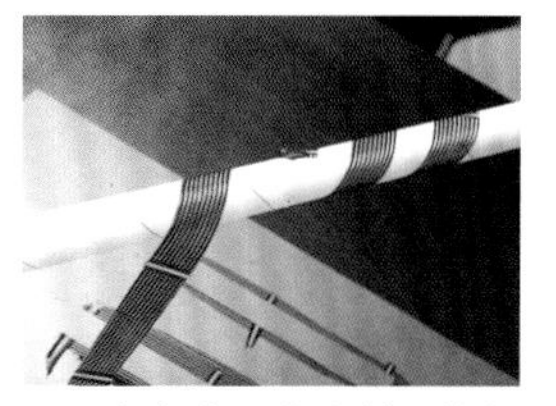

4 在完全硬化之前，将其缠绕在擀面杖上或保鲜膜内芯上以使其成形。

5 完全硬化成形后，将其取下并揭下塑料包装纸。

蛋糕的完成

薄荷巧克力

1 将薄荷利口酒和切碎的薄荷叶加入果胶淋面酱中，倒在冷冻好的慕斯蛋糕上。

2 放在比斯基海绵蛋糕基底上并装饰上渐变色造型板。

浓茶

1 在抹茶口味的欧培拉蛋糕上浇上抹茶淋面酱。

2 切成 4 厘米宽后将波浪造型片装饰在蛋糕上。

3 将奶油在波浪造型片上做成汤匙形状，最后装饰上金箔。

基础调温手法

1. 将巧克力化开，然后将其升至温度a。
2. 混合搅拌至温度b。
3. 混合搅拌并加温至温度c后开始加工。

温度差异取决于巧克力种类

黑巧克力	a. 50~55℃，b. 27~28℃，c. 31~32℃
牛奶巧克力	a. 40~45℃，b. 26~27℃，c. 28~29℃
白巧克力	a. 40~45℃，b. 25~26℃，c. 28~29℃

（使用前，请务必在卡片等物体上取少量材料进行测试。温度也会因巧克力品牌不同而存在差异，因此请参考产品包装上的说明进行调整。）

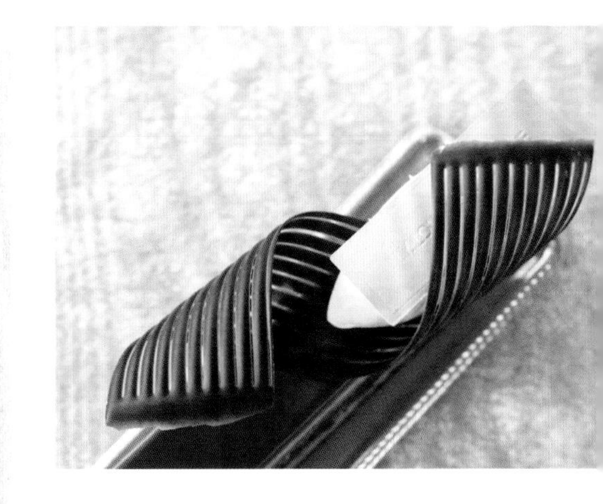

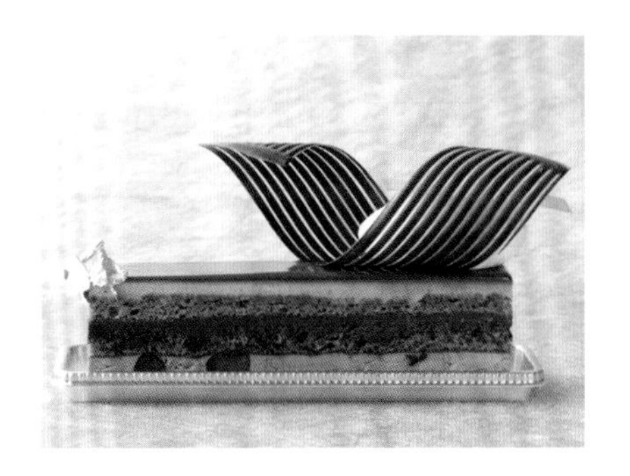

巧克力圆顶

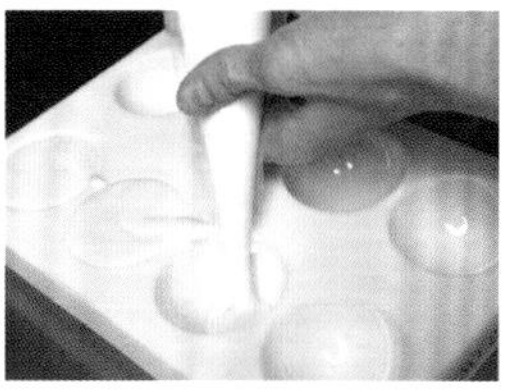

1 用裱花袋将经过调温处理后的巧克力挤入直径为6厘米的半球形模具中。

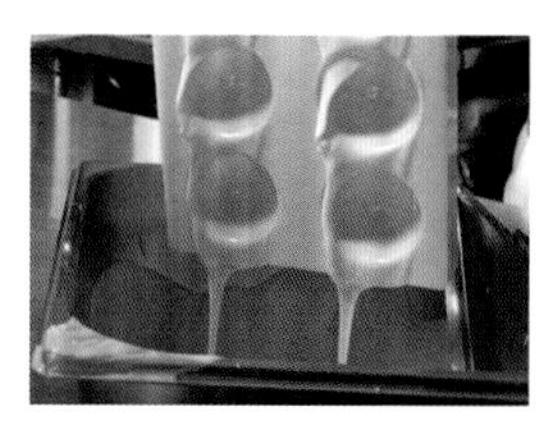

2 立即倾斜模具以去除多余的巧克力液。

3 将模具倒置并晃动，以完全去除多余的巧克力浆，仅留下模具内壁薄约2毫米的部分。

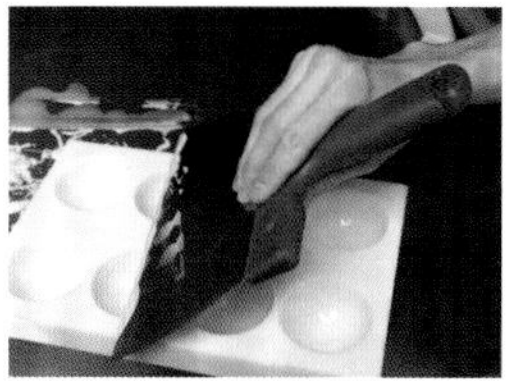

4 用刮刀刮掉模具顶部边缘的巧克力。

5 侧向放置模具并待其完全硬化。如果不翻转模具而采取保持其侧向放置使其硬化的方法，则在横截面上不易形成毛刺，从而省去了去除毛刺的麻烦。

蛋糕的完成

1 用喷火枪加热铁板。

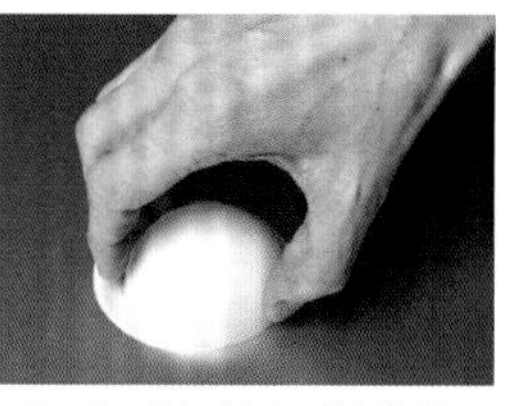

2 将巧克力圆顶的横截面压在铁板上，使其截面部分稍稍化开。

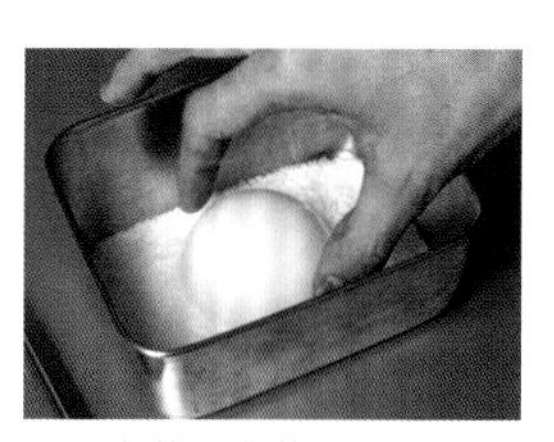

3 在截面上蘸适量椰蓉。

4 在玻璃杯中加入慕斯，并在上方撒上油酥碎。

5 用巧克力圆顶压在玻璃杯口，最后在巧克力圆顶内部放入芒果块和百香果。

不仅造型有趣，而且中间的巧克力圆顶可使水果水分与油酥碎隔离开，可以有效保持质地及层次分明。

夏之物语

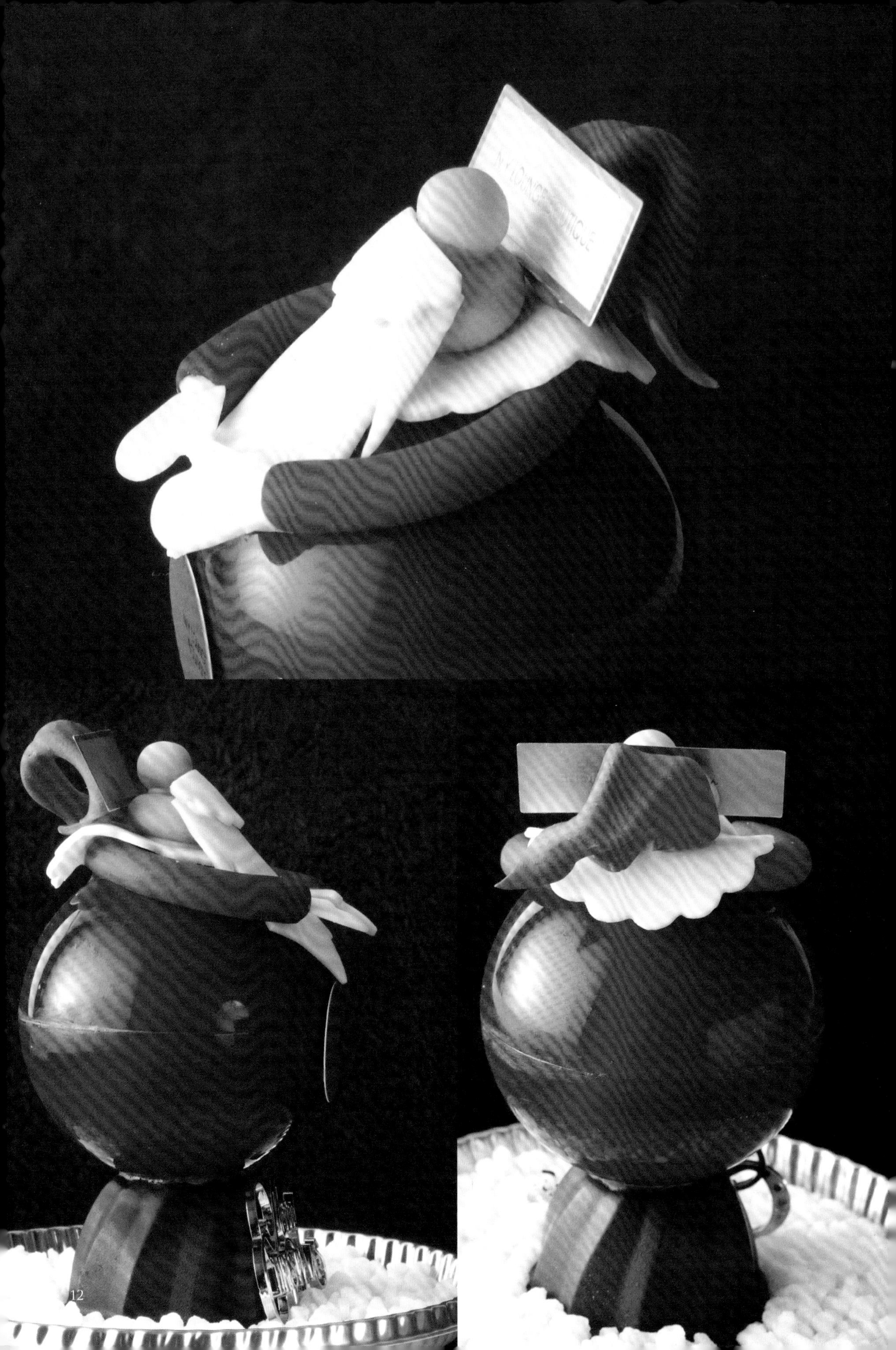

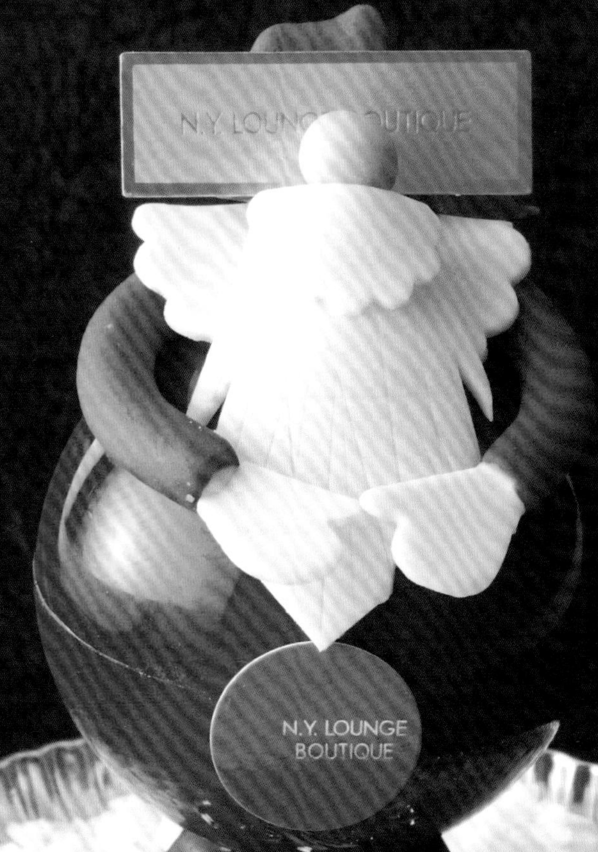

圣诞老人的巧克力球

巧克力球

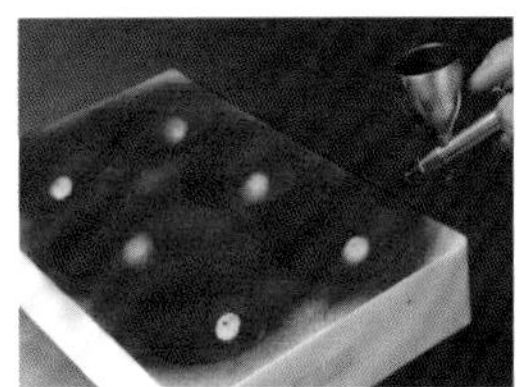

1 用喷枪将直径为7厘米的半球形模具喷涂上红色巧克力用色素。

2 将经过调温处理后的巧克力装入裱花袋中，挤入模具中。

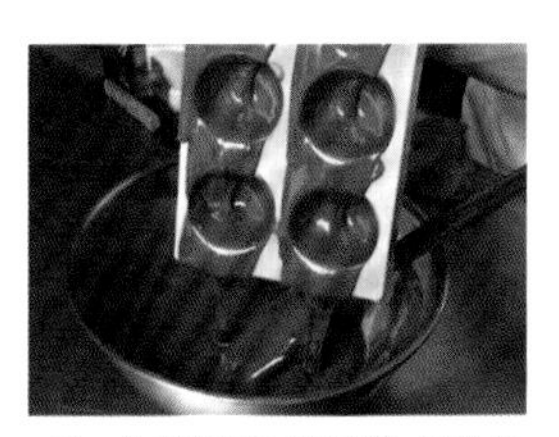

3 立即倾斜模具以去除多余的巧克力。

4 用力晃动模具以使多余巧克力浆完全清除。

5 将模具翻转向下扣放，并用角棍或其他类似物品垫住边角，以使模具不接触到台面，完全硬化成形后从模具中取出（模具倒放待其硬化是为了使成品边缘较厚）将两个半球相粘时，由于接合面变宽而更加牢固。

圣诞老人的巧克力塑形膏装饰配件

1 将红色和黄色巧克力用色素混合后，将经过调温处理后的巧克力染色，分别揉捏出光滑的红色、肤色和白色球体置于一旁备用。

2 用擀面杖将白色巧克力塑形膏擀成1.5毫米厚，并用大、小菊花形和心形切模按压出形状。

3 用刀切出胡须的形状，沿心形中线的一半切割做成手套形状。

4 将三分之一的红色巧克力塑形膏擀成1.5毫米厚，并切成等腰三角形。

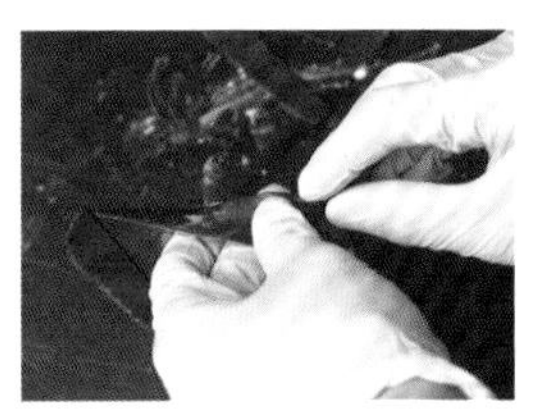

5 将等腰三角形两底角相粘后整形，做成细长的圆锥形。

6 在中点处斜向折叠，做出帽子形状。

7 将剩余的红色巧克力塑形膏搓成直径1厘米、长10厘米左右的长条状，并将其弯曲成U形。

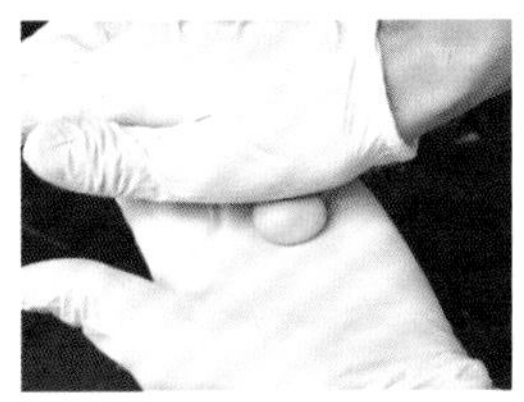

8 用肤色巧克力塑形膏分别揉搓出直径2厘米和1厘米的球体。将较大的球体轻轻压成扁圆形。

巧克力塑形膏的魅力

通过在巧克力中添加淀粉糖浆使其变软。尽管它没有光泽，但胜在不需要精细地控制温度，可以像黏土一样被拉伸或卷起以塑造成任何形状。所以当您想添加漂亮的装饰物时，巧克力塑形膏无疑是很理想的选择。只需将其揉搓至合适硬度、表面变光滑后就可以使用，但请注意如果在很硬的状态下使用，会产生裂纹且会造成表面光洁度不佳。

组装

1 将调温后的巧克力倒入直径 5 厘米的奶油圆蛋糕模具中，待其硬化后从模具中取出。由于这部分作为底座需要承受一定重量，所以要尽量避免中间出现空心。

2 用喷火枪融化一个已制好的巧克力半球的底部，然后粘在奶油圆蛋糕的顶部。

3 在半球中填入杏仁等坚果。

4 用喷火枪加热铁板，然后将另一个巧克力半球的横截面按压在铁板上，使其边缘稍稍融化。

5 将其放置在第三步中已填入坚果的巧克力半球的顶部并粘严实，使其成为一个完整的巧克力球。

6 将刀用喷火枪加热，用侧面轻轻按压在球体顶端使其稍稍融化。

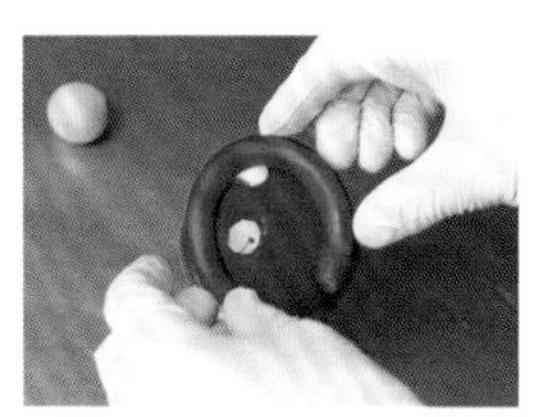

7 揉搓出一根条状的巧克力塑形膏做成手臂形状粘在球体上。用装入裱花袋的白巧克力在上面挤压一些巧克力。

8 将按压出的菊花形状粘贴在刚做出的手臂配件顶端，在菊花形配件上再挤压一点巧克力以粘贴用巧克力塑形膏揉出的脸蛋配件。

9 用同样的手法挤一点巧克力，将捏出的鼻子粘在脸蛋上。在两者接合面上使用空气干燥枪让其完全冷却并硬化。

10 胡须的做法是将小号菊花形状配件切半，依次粘贴在鼻子下方。

11 将手套和帽子的巧克力塑形膏配件逐个粘贴在相应的位置上。

12 在图中所示的三个位置摆插上蛋糕装饰贴纸。

油酥坯的装饰运用

甜品的面坯也可以根据形状的不同而灵活运用在装饰上。在这里，我将尝试用通常做成平面的油酥坯烘烤成立体的圆顶形状。这种尝试下做出的作品不仅形状有趣，更可以在作为盛放流动性强的奶油类甜品的容器上发挥极大的作用。

油酥圆顶

1 将延展成 2 毫米厚的可可油酥坯切成每个直径为 6.5 厘米的圆形。将半球形的模具盘翻转过来后，将圆形可可油酥坯排列摆放在其顶端。

2 在 180°C 下烘烤约 15 分钟。通过加热，面坯会自然地根据模具的形状出现弧度形成圆顶。待冷却后，将其从模具上取下。

3 使用时，用喷枪在内部均匀喷涂上可可脂，以隔绝潮气。

蛋糕的完成

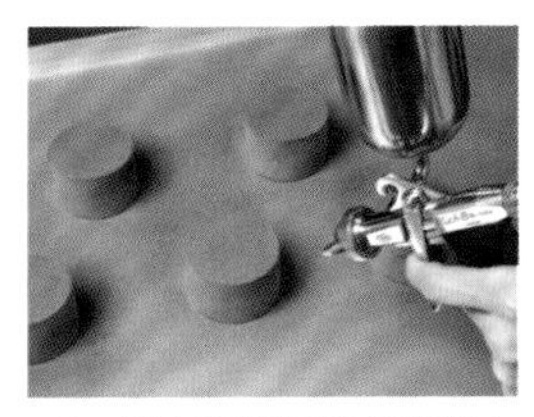

1 在冷冻的圆柱状慕斯上用喷枪喷涂混合巧克力的可可脂粉。

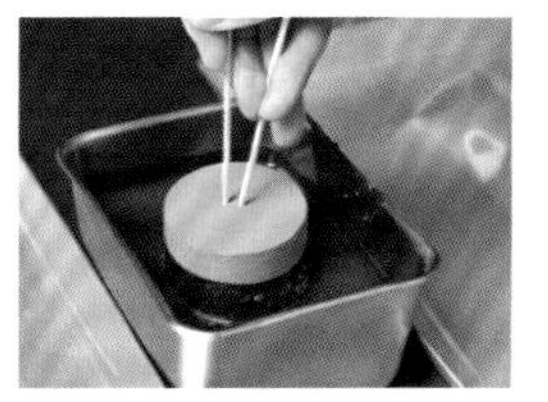

2 将加入了杏仁碎的巧克力浆调节至约 40°C。将慕斯距上端边缘留出 1 厘米高，以下全部浸入巧克力浆中。

3 将甘纳许装进裱花袋中，注入圆顶至距其边缘 5 毫米处。

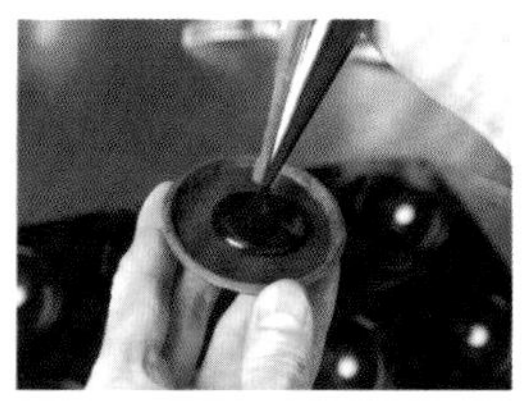

4 注入奶油巧克力，覆盖住甘纳许那一层。

5 在慕斯顶部点少量奶油巧克力，放一个油酥圆顶黏合固定。

6 最后在对半切开的覆盆子截面上涂抹镜面果胶，使其具有光泽，然后装饰在甜品顶部。

巧克力覆盆子

新颖的翻糖装饰配件

近年来，通过在糖浆中添加胶凝剂等制成新材料的翻糖工艺引起了广泛关注。与传统的糖浆不同，这种材料因为具有更强的柔韧性，所以具有能制作出薄蕾丝状的花边纹理、即使干燥后也可以弯曲、可以立体成形等特点。因为只需将温水加入市售粉末中混合搅拌就可制成，所以任何人都可以轻松掌握。

糖果蕾丝

1 将80克温水（40~45℃）添加至100克的混合粉中，并用橡胶刮刀混合至均匀。如果湿度较低，可以增加温水量进行调节，使其成为膨松的糊状。

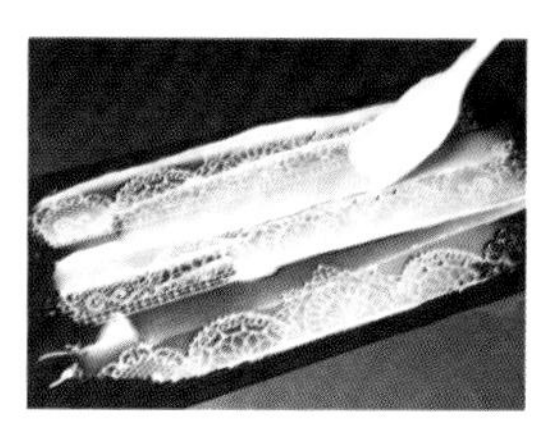

2 用橡皮刮刀将其填入硅胶花边模具中。

3 用抹刀清除模具表面多余残留物。如果有多余的残留物，成品将出现毛刺并且影响饰面美观。

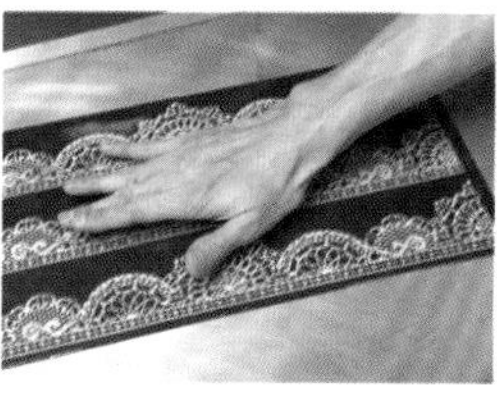

4 在120℃下烘烤10~20分钟，干燥其至不黏手的状态。

5 从模具中取出。烘烤会导致其立即变脆、变硬，但过一会儿它吸收空气中的水分后又会变柔软。

树莓镜面酱

【原料】

原料	用量
镜面果胶	1680克
淋面果胶	672克
树莓果酱	504克
覆盆子浓缩果汁	98克
NH果胶	7克

蛋糕的完成

1 将上述材料混合后制成的树莓镜面酱浇在冷冻成形的慕斯蛋糕上。

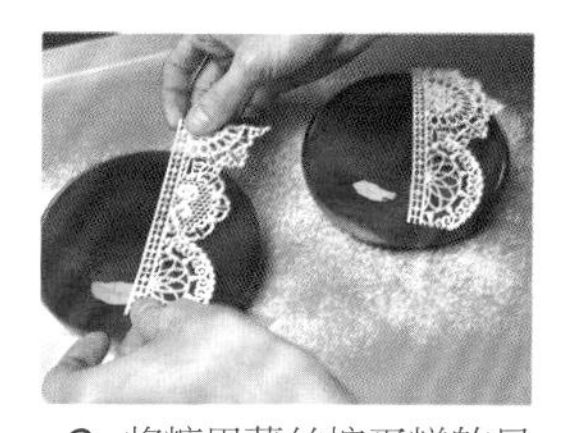

2 将糖果蕾丝按蛋糕的尺寸切成合适的长度，并沿对角线方向铺开。放置片刻后，糖果蕾丝会沿着蛋糕的形状弯曲并与其自然紧密地贴合。

3 将白色巧克力塑形膏拉伸至1.5毫米厚，然后用模具在上面印出装饰用的雪花。

4 在覆盆子切面蘸上糖粉后与切成薄片的草莓放置在蛋糕上作为装饰，并将之前做好的巧克力塑形膏雪花也装饰在合适的位置。

圣诞圆窗

将不同材料结合起来的装饰手法

将糖果和蛋卷皮组合成为新的配件。通过将具有不同质感的材料互相搭配，可以形成鲜明的对比，并突出作品的立体感和色泽。在这里我们尝试通过糖果制造出的凹凸感，将环切的柚子的颗粒感栩栩如生地展现出来。

柚子头

黄油蛋卷皮面糊

【原料】

无盐黄油……200克
糖粉……200克
杏仁粉……70克
蛋清……200克
白色可食用色素……适量
低筋粉……160克

制作方法

1 将糖粉分两次加入化开至奶油状的黄油中混合搅拌。
2 分两次加入蛋清搅拌，再加入杏仁粉混合。
3 将白色可食用色素与低筋粉一起过筛加入，用橡皮刮刀混合搅拌至没有干粉的状态。

果糖粉

【原料】

砂糖……450克
软糖……680克
柚子皮……约4个柚子的量

制作方法

1 将砂糖和软糖混合，煮至160°C。在这个步骤中，为了在糖果中添加柚子味，要在煮沸之前添加柚子皮。
2 倒在烘焙垫上，让其完全冷却硬化。
3 用研磨机磨成粉末，然后用筛网过筛。

1 使用烘焙纸自制所需形状的模具并完成配件。将烘焙纸中间裁剪出直径为7厘米的圆形，并将切出的圆形切成菊花形，使其看起来像一片柚子内切面。

2 将中间部分取出的烘焙纸放在垫板上，撒上略厚的一层果糖粉。

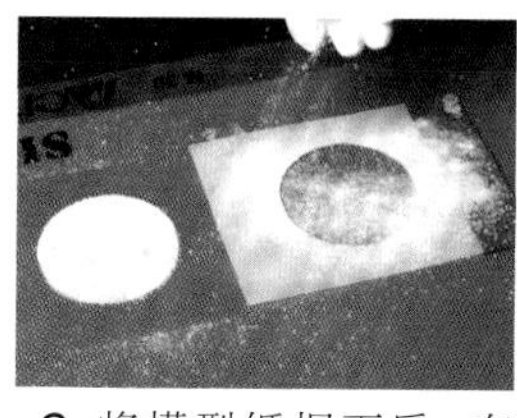

3 将模型纸揭下后，在150°C下烘烤2～3分钟。

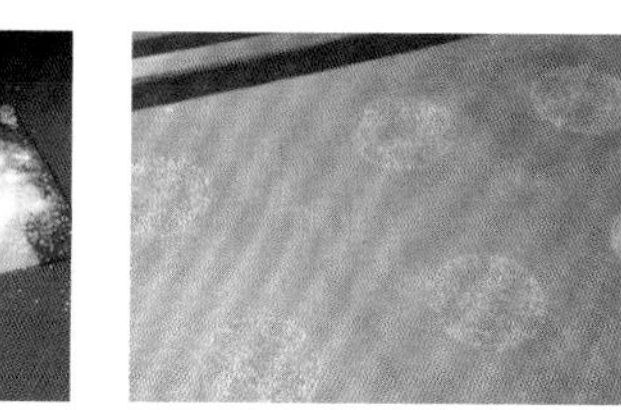

4 当糖粉融化并变透明后，将其取出并冷却。

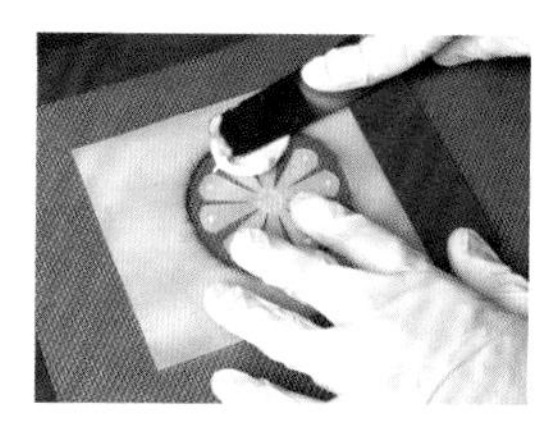

5 将模型纸拼好形状后放置在另一个垫板上，用添加了白色可食用色素的黄油蛋卷皮面糊擦涂在模具上。添加白色可食用色素会有助于在烘焙中让其不易上色而利于保持白色。

6 在整个表面上轻薄地、均匀地擦涂。

对切

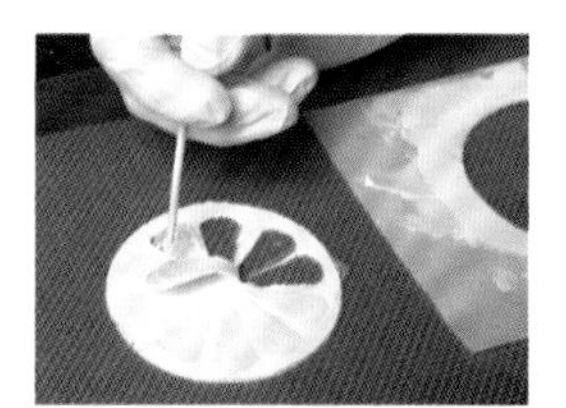

7 取下外圈模型纸后再小心地取下菊花形模型纸，要注意不要触碰到面糊。

8 在 150℃ 的烤箱中烘烤约 6 分钟，冷却后从烘焙垫上取下。

9 将制作好的蛋卷皮造型放置在糖片上。

10 置于 150℃ 的烤箱中烘烤约 1 分钟，以融化糖果使两部分粘在一起。完全冷却后，将其从烘烤垫上取下。

蛋糕的完成

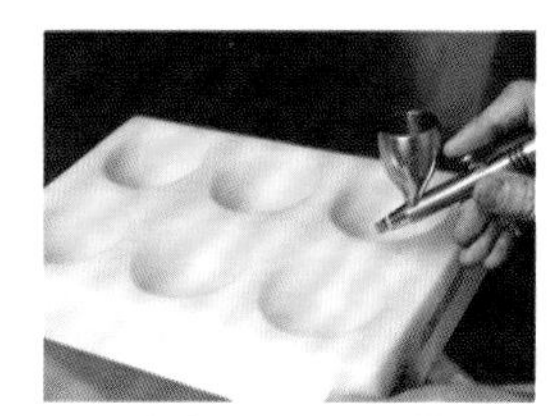

1 请参考第 16 页的制作方法，将颜料更改为黄色后制成直径 7 厘米的巧克力半球。

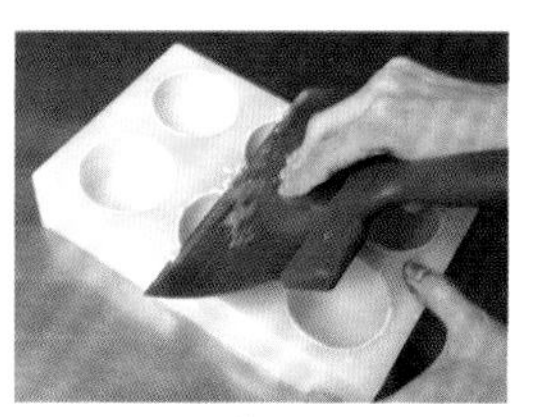

2 由于这道甜品不需要将两个半球粘在一起，所以在从模具中移除之前，请用刮刀将其顶部边缘刮光滑以去除毛刺。

3 从模具中取出半球并注入慕斯、柚子果酱和果冻。

4 盖上柚子片形状的盖子便大功告成。

2

抓住第一印象，灵活运用外形玩转甜品装饰

上霜主厨的装饰风格为会彻底改变了蛋糕本身的形状，他说："我想利用蛋糕的外形来激发人们对其口味的丰富想象。"一旦看到就会被其吸引的，令人无法忘却的独特外形赋予了甜品新颖和灵动的感觉。接下来，我们将围绕如何制作新颖造型的方法这一中心，向大家介绍如何创造令人印象深刻的外形的技巧。

讲解人

上霜考二

Koji Ueshimo

用独特的造型传达美味的讯息

随着硅胶制模具的普及，甜品也开始以各种造型登场。其中，将外形与口味的紧密结合视为甜品首要因素的上霜主厨，心目中最理想的造型便是水果造型。在模具面市的第一时间他便开始了尝试。

右页中的苹果造型的奶油蛋糕是用三个苹果浓缩成的豪华水果挞。另一款覆盆子形状（本页图）的，是在加入茶藨果和覆盆子烤制的水果馅饼中，又加入了添加了香辛料的奶油巧克力以及开心果慕斯和覆盆子果酱，营造出富有层次的酸甜口感。充分利用了外形使口味更加充实饱满。

调味覆盆子

苹果挞

调味覆盆子

覆盆子啫喱

【原料】

覆盆子果酱……152.2克
水……152.2克
砂糖……43.4克
吉利丁片……7.8克

1 将覆盆子果酱挤在预先烘烤成的直径5厘米的圆形挞皮上，放上冷冻、加入香辛料的奶油巧克力，挤上开心果慕斯。放入冰箱冷冻。

2 将水和砂糖加到覆盆子果酱中，加热至55°C使砂糖溶解。

3 将第二步混合后的材料加到彻底溶解、煮沸的吉利丁液中，冷却至30°C。

4 将其注入硅胶制覆盆子模具中直到七分满状态。

5 将第一步做好后冷冻成形的材料轻轻按入模具中。放入冰箱冷却定形。

6 彻底定形后，将其从模具中取出并用金箔进行装饰。

苹果挞

1 将切成两半的苹果与三温糖和黄油一同在低温下烘焙24小时直至苹果软烂并与油、糖混合。将其装入硅胶制苹果模具中，在-40°C下快速冷冻后取出。因为含糖量较高，室温状态下冰冻苹果很快就会解冻，所以取出后尽快开始后续操作。

2 在巧克力中加入可可脂、化黄油、果仁糖和烤杏仁碎，将其搅拌融合后调节至32°C。用竹签将第一步中制成的苹果串起后全部浸入其中做出涂层。

3 静置直至其凝固定形。由于在竹签插入的孔洞处要插入装饰物，所以要将竹签插在苹果的空心部分。定形之后，将竹串拔出。

4 将经过调温处理后的巧克力装入裱花袋，在塑料包装纸上挤出短棒形状。将巧克力温度调节至27.5°C，在还有黏性的状态下挤压会更有立体感。

5 在切成正方形的挞皮中心挤上少量水饴，然后将苹果粘在上面。如果用巧克力作黏合剂的话，在剥离时苹果容易脱落，所以用稍有黏性的水饴更加适合。

6 最后将巧克力做成的柄插入竹签串插时形成的孔中。

利用水波纹和泡沫啫喱表现出水嫩新鲜感

这是一种外形模仿了水滴滴落在水面上泛起层层波纹的甜品。与这种转瞬而逝的美相匹配的，便是同样无比水润但又脆弱的极易消逝的泡沫了。下面这款甜品是采用搅拌混合了吉利丁片的草莓果酱制作而成的果冻。与外观的脆弱感相反，它的形态具有极其出色的稳定性，即使在陈列柜中放置数小时也不会变形。散落在表面的蛋白酥皮上有粉红色巧克力涂层，在隔绝水分而保持口感的同时也能保持甜品整体色彩的统一。

月之女神

泡沫果冻

泡沫果冻

【配料】

草莓果酱……120克
水……160克
砂糖……90克
吉利丁片……8克

1 将草莓果酱加热至40℃。

2 将水加入砂糖煮沸，加入泡软的吉利丁片搅拌溶解，再加入草莓果酱混合搅拌后，静置过夜。为了提高泡沫的形状稳定性，多加一些吉利丁片。

3 用搅拌器高速搅打至起泡。

4 将速度切换至中挡并继续打发至膨松状态。打发过度的话会造成塑形失败，相反，如果打发速度过慢则会立即硬化，因此打发的速度和程度的控制非常重要。

5 在冷却打发完的同时继续搅拌，直至达到将其放在蛋糕上就能立即成形的状态。当其成为慕斯状时，这一步就完成了。

蛋白霜巧克力涂层

1 用10毫米口径、8头裱花嘴将意大利蛋白霜（如何制作请参见第34页）挤出椭圆形。

2 在预热至130°C的烤箱中对内部进行焦糖化处理，烘烤直至变香。

3 在融化的白巧克力中加入红色巧克力用色素将其染成粉红色。

4 用手轻轻将蛋白霜压碎成随机形状后，用第三步制成的巧克力浆对其进行涂层处理。

蛋糕的完成

1 将慕斯装入硅胶制水滴模具中，冷冻成形后将其从模具中取出。

2 将草莓镜面酱的温度调整到36℃，从慕斯顶部向下浇淋至整体覆盖。淋面在凹痕处会略厚，凸出处会较薄，因此可以形成自然的颜色渐变效果。

3 用巧克力包裹了的蛋白霜、黑莓和巧克力板在顶部进行装饰。

4 用勺子取泡沫果冻在多处进行点缀。如果泡沫果冻在刚好未凝固的状态下被点缀放置，接触到蛋糕后就会马上成形不会滴落，因此膨松的状态下作为装饰就会更有立体感。

5 用金箔进行装饰，将镜面果胶装入裱花袋挤少量在黑莓上，装饰成水滴风。

草莓镜面酱

【配料】

草莓果酱	78克
NH果胶	16克
砂糖	168克
水饴	116克
水	450克
海乐糖	110克

* 海乐糖是一种淀粉糖浆，特点是加热后几乎不会变色，并且具有适度的甜味。

制作方法

1 将水、水饴和海乐糖加入草莓果酱中，加热至40°C。
2 将果胶和砂糖混合，一点一点地加到第一步混合后的材料中溶解并煮沸。
3 转移到容器中并用保鲜膜包覆。

制作自然形态的蛋白霜

在挞皮上利用蛋白霜作装饰的大胆尝试，正是基于我们希望您能够充分享受意大利风蛋白霜美味的期望。这将它具有的膨松柔软的曲线和独特的轮廓这些特点运用在了装饰上。

这种蛋白霜保留了表面虽焙烤硬化，内部却极易在口中融化的特点。由于烘烤时间较短无法产生形成焦糖化后的香味，因此我们在蛋白霜中加入了焦糖榛子酱以增强香气。通过这种大胆地混合尝试，不仅在口味上有所增强，还使其增添了自然的渐变花纹般的色彩。

意大利风蛋白霜装饰

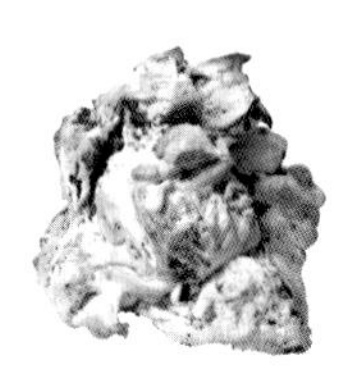

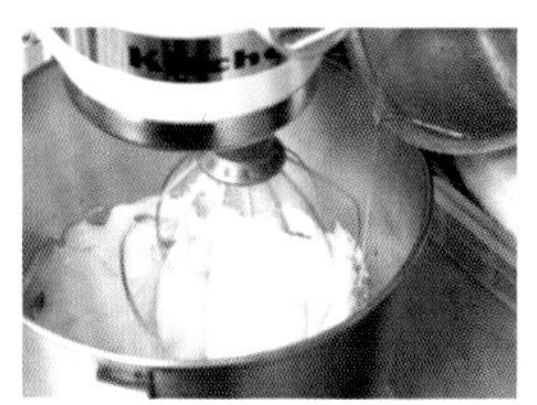

1 将砂糖和水混合制成糖浆，然后将温度升至118°C。在已彻底打发的蛋清中一点一点加入糖浆并不断搅拌。

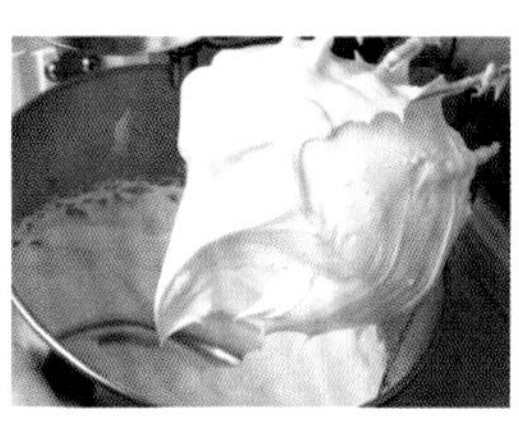

2 当蛋白霜明显打发后，搅打结束。

3 将榛子充分烘烤直至呈深褐色后制成榛子酱装入裱花袋，取15%的蛋白霜加入其中。

意大利风蛋白霜

【配料】

蛋清	100克
砂糖	200克
水	50克

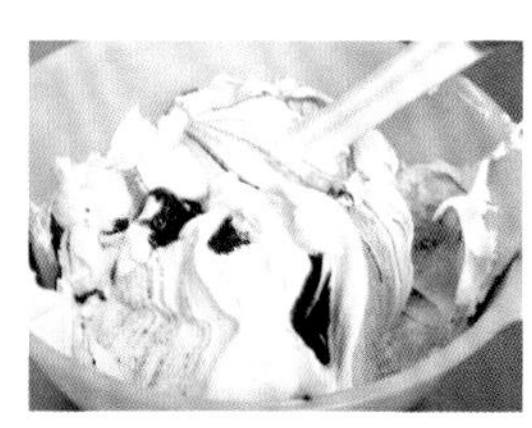

4 轻轻混合以形成渐变色花纹。

5 在烤好的大黄挞底上涂上大黄酱，用勺子将蛋白霜在上面堆成锥形。

6 撒上糖粉。

7 放入预热至220°C的烤箱约3分钟，以烘焙定形。

大黄蛋白挞

利用瑞士风蛋白霜使造型脱颖而出

将塑造出立体感的蛋白霜覆盖在慕斯球上制造出如行星一般的造型。慕斯的下半部分承载在半球形的巧克力外壳中以增加其强度，从而不会因自身重量而塌陷。这款作品造型较稳定，并且由于使用了非常适合制作工艺品的瑞士风蛋白霜，能够很好地突出作品的流畅线条。

即使使用相同的蛋白霜来作装饰，也要先明确自身最想表达的重点在哪里，例如形状和口味等，然后有针对性地运用。

瑞士风蛋白霜装饰配件

瑞士风蛋白霜装饰配件

1 将装入蛋清和砂糖的碗隔水加热，或将其放在明火上不断搅拌，加热至60℃左右。

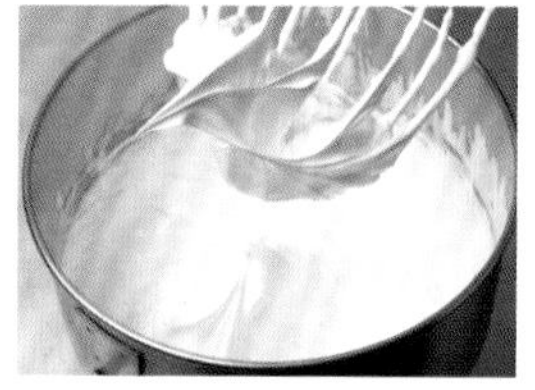

2 打发至出硬角的状态后代表蛋白霜完成。

3 倒入套有20头裱花嘴的裱花袋中，将一半量的蛋白霜直接挤压成形。

瑞士风蛋白霜

【配料】

蛋清……100克

砂糖……200克

4 剩余另一半挤成字母“e”的形状。不用全部挤成一样大小，挤压出各种不同尺寸更易于后期加工时使用。

5 为避免着色，放于预热至60℃的烤箱中干燥烘烤过夜。

巧克力羽毛装饰配件

1 在刀的一侧涂上经过调温处理后的巧克力。像比目鱼刺身刀这样的刀身修长且柔韧的刀型使用起来更方便。

2 将涂上巧克力的那侧刀面向下覆在铺好的塑料包装纸上，将刀稍稍抬起的同时向下拉蹭成形。完全干燥后，将其从塑料包装纸上取下。

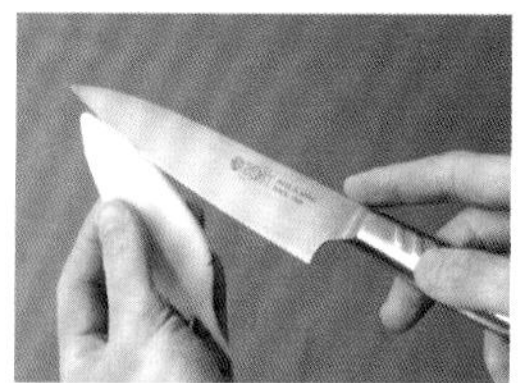

3 用喷火枪加热刀刃，在做出的羽毛形状侧面划出几个切口。可以按照个人喜好刷上金粉等进行装饰。

蛋糕的完成

1 将巧克力调温至31～32℃，倒入直径为12厘米的半球形模具中。

2 静置2～3分钟，当它开始凝固后，将模具翻转倒出中间多余的部分。

3 用刮刀清理边缘，去除多余的巧克力，待其冷却成形。变硬成形后，将巧克力慕斯浆等倒入并放入冰箱冷冻。

4 将经过调温处理后的巧克力倒入直径6厘米的圆形模具中冷却硬化，制成厚度为1厘米的巧克力板。将喷火枪加热了的长柄勺压在圆形巧克力板上。

5 在中心部分做出凹坑，将其作为蛋糕的底座。

6 从模具中取出第三步中制成的半球，将其放在底座上固定，将已经冷冻成形的巧克力慕斯盖在上面。

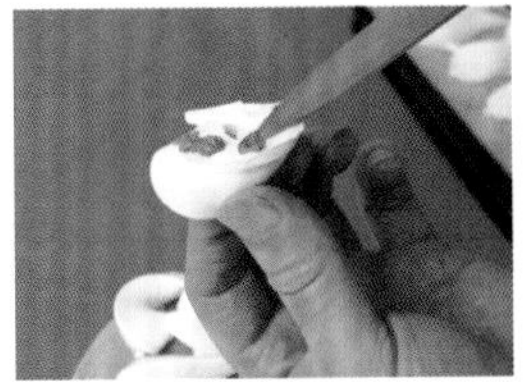

7 将适量巧克力慕斯浆涂在蛋白霜的背面，将其粘在蛋糕上端。

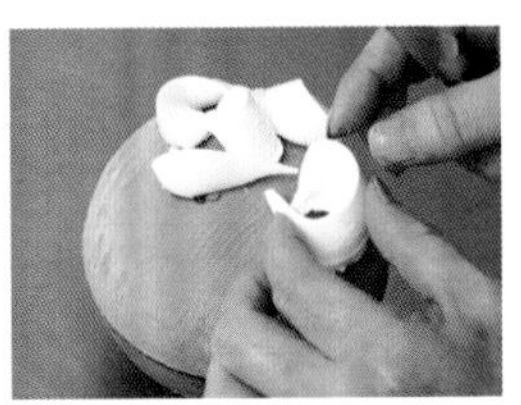

8 在设计摆放形状和方向的同时，也注意不要留白，尽量将其均匀地分布在球体上半部分。

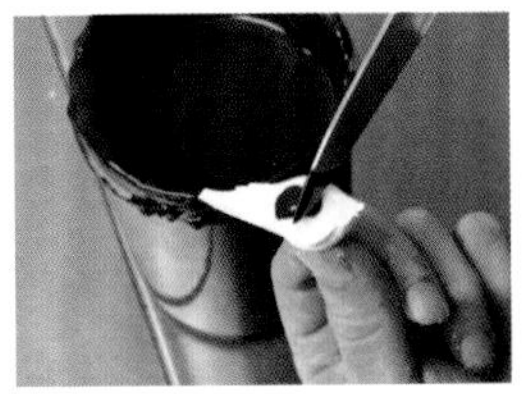

9 将蛋白霜固定在蛋糕下端的巧克力上时，将化开的巧克力作为黏着剂涂在蛋白霜背面。

10 粘贴时注意将上下半球的接合处隐藏好。这种情况下，如果用刀在巧克力球体上稍微刮擦出刮痕，可以使黏附更加牢固。

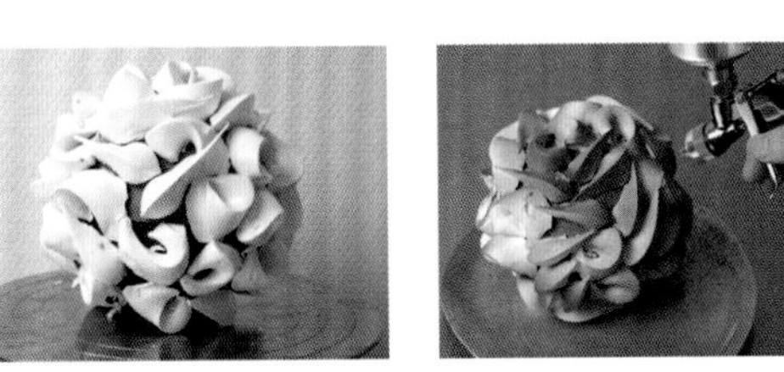

11 一直粘贴到底部，底座部分也会被完全隐藏住。

12 以7：3的比例将巧克力和可可脂混合融化后，用喷枪把整体喷涂上色。

使经典款式的外观焕然一新

说到在日本最受欢迎的甜品，毋庸置疑一定是使用大量草莓制作而成的鲜奶油草莓蛋糕。

因为经常作为庆典等重要场合的固定蛋糕，许多糕点师一直都在努力对其进行创新尝试。上霜主厨呈现给大家的是无论从哪个角度看去都是完全一致的纯手作造型作品。

虽然看起来很简单，但将甜品表面完全覆盖的鲜红色的草莓外观会直接击中草莓迷们的心。

由于使用了大量的草莓和奶油，因此很难保持球体的状态，所以调节好奶油法式蛋糕和奶油蛋卷的配比是操作中的重点。在如何能在组装完成后依旧能使其保持自身承重的这一点上我们投入了大量的心血并取得了成功。

法式草莓蛋糕

蛋糕的完成

1 将海绵蛋糕片烘烤至1厘米的厚度，制出直径为7.5厘米和6厘米的圆形蛋糕坯各一枚、直径4厘米的圆形蛋糕坯2枚、直径为2.5厘米的圆形蛋糕坯8枚。

2 将切片的草莓铺满直径12厘米的半球容器侧面，切面朝外。

3 用直径为10毫米的圆形裱花嘴挤入奶油，以填补草莓的空隙。

4 将直径为4厘米的海绵蛋糕片放在正中间，并用奶油酱覆盖其表面。

5 挤到7分满后，放上直径为7厘米的海绵蛋糕片。

6 将奶油酱一直挤到与模具边缘齐平。

7 用抹刀将顶端弄平，然后放入冰箱冷藏室使其冷却成形。

8 在塑料包装纸上套放5厘米和4.5厘米直径的环形模具，将调温的巧克力倒入两个环形的间隙中，冷却成形后从模具中取出。

奶油酱

【原料】

A奶油霜
- 蛋清……150克
- 砂糖……300克
- 水……75克
- 无盐黄油……450克

B卡仕达酱
- 牛奶……1000克
- 香草棒……1/3根
- 香草糊……1克
- 冷冻蛋黄（加20%的糖）……300克
- 砂糖……160克
- 法式奶油蛋糕粉……140克
- 无盐黄油……100克

* B和A以2：1的比例混合。

9 放在直径 12 厘米的半球形容器正中央。

10 将切片的草莓切面向外，在容器壁上摆放均匀。

11 挤入一圈奶油酱，填补草莓的空隙，巧克力圆筒中心也要挤入。

12 将直径为 4 厘米的海绵蛋糕片放进巧克力圆筒中，并用奶油酱一直填到圆筒顶端。

13 将 7 枚直径为 4 厘米的海绵蛋糕片围绕巧克力圆筒摆放，然后将奶油酱一直挤到与模具边缘齐平。

14 用抹刀将顶端抹平，然后放入冰箱冷藏室使其冷却成形。

15 将步骤 7 与步骤 14 制作成的半球体脱模，中间有巧克力圆筒的那个半球放在下方，将两个半球合成一个球体。放入冷藏室再次冷却成形。

16 用毛刷蘸取镜面果胶刷满整个球体。

巧克力塑形膏制成的花

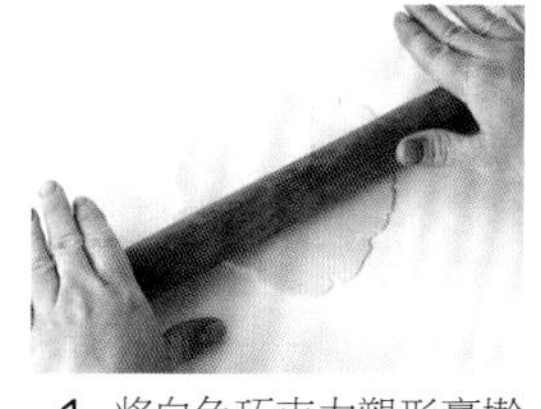

1 将白色巧克力塑形膏擀至 2 厘米厚。

2 用菊花形切模印出花形。

3 用添加了黄色色素的巧克力塑形膏揉出直径 5 毫米左右的球形，在花瓣中心按压黏结成花蕊形状。

3

中山和大：一直致力于在动物和花朵等可爱主题中融入优雅

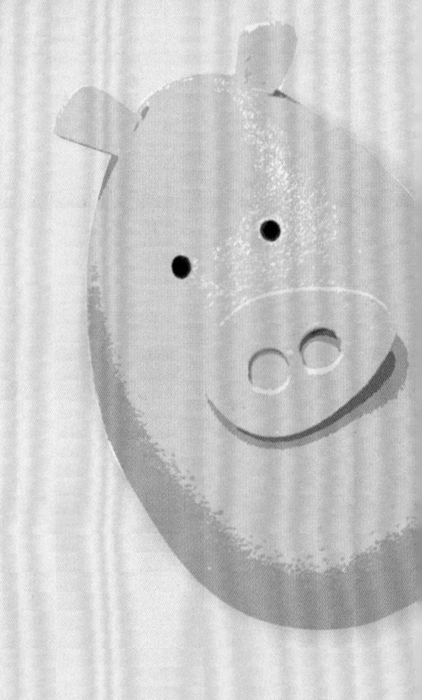

之所以即使使用流行色，作品也能够看起来既成熟又沉稳，是因为其有效地分别渲染出了各个部位的明暗度。下面向大家介绍的就是如何根据蛋糕整体的平衡感来巧妙地控制质感，以及使用具有精致感的装饰物。

讲解人

中山和大

Kazuhiro Nakayama

别具一格的动物蛋

以在复活节彩蛋制作中被广泛采用的可爱的动物为主角。用喷枪喷涂颜料以产生哑光质感，只绘制出眼睛让其没有表情，能够使其看上去既可爱又别致。周围装饰着色彩鲜艳的浆果类水果及食用花卉，挤成点状的果胶如晨露般闪耀，使整体的色彩和质地形成鲜明对比。

萌萌哒动物蛋糕

迷你尺寸是就算只用一个装饰物来进行装饰也可以使其看起来很漂亮。在小鸟周围搭配上红色系的水果等配饰，就能够给人一种整体统一且精致的印象。

动物蛋

1 将白巧克力液调温至29℃，倒入蛋形模具中。利用其在较低温度下会保持黏度的特性，使其快速冷却凝固，会更容易做出适当厚度的表层。如果太薄会易碎，因此要把凝固层做得稍厚一点，在2毫米左右。

2 放置约2分钟，待其变硬成形后，将模具倒扣，清除中心部位多余的巧克力。用刮刀等工具除去模具顶部多余的巧克力使其边缘变光滑，待完全凝固成形后再将其从模具中取出。

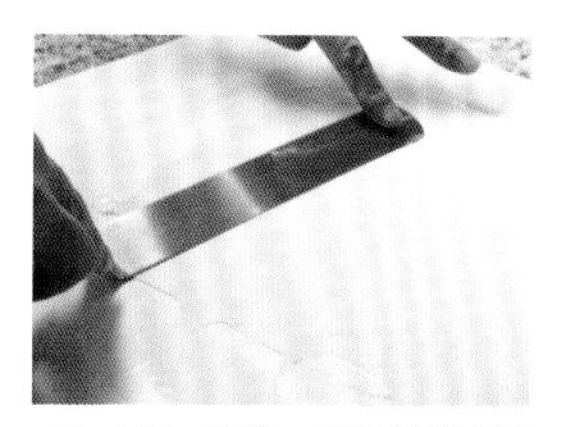

3 用与步骤1相同的调节方法做出巧克力浆倒在塑料包装纸上，并用抹刀将其刮抹出1～1.5毫米的厚度，待其硬化成形。

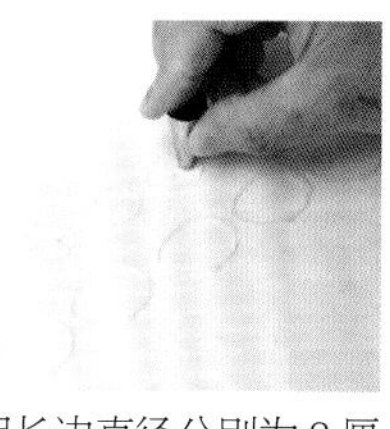

4 用长边直径分别为2厘米和3厘米的蛋形模具在上面印出形状。直径2厘米的片中间再用直径5毫米的圆形裱花嘴印两个孔，做成鼻子部件。

5 用直径为7毫米的圆形裱花嘴做几个圆形。

6 将步骤5做出的圆形片用切刀倾斜着在左右各切一刀，做成梯形，制成猪耳朵部件。

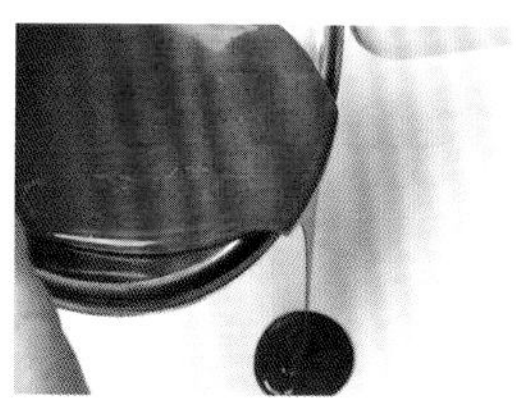

7 将红色巧克力色素添加到以与步骤1相同方式经过调温处理后的巧克力中，将其染色后，倒入塑料包装纸上，并用抹刀将其压平刮出1～1.5毫米厚，待其冷却成形。

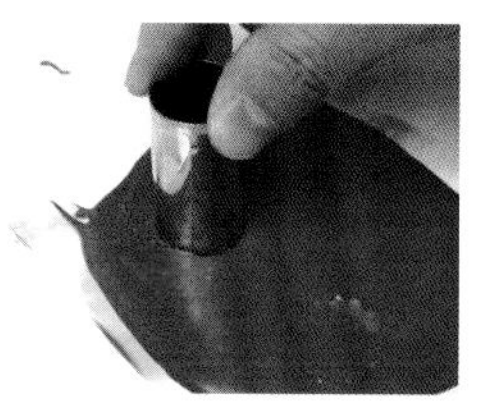

8 用直径为2厘米的菊花模具印出形状后，稍微移动中心，再印一个菊花叠压在已印出的形状上，制成鸡冠部件。

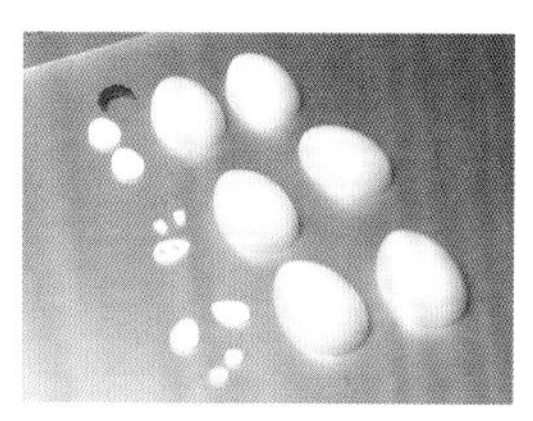

9 图中所示从上至下依次为小鸡、小猪和小狗的组成部件。

10 加热操作器，将半个蛋壳边缘按在铁板上使其稍稍化开。也可以通过用喷火枪加热铁板来进行这步操作。

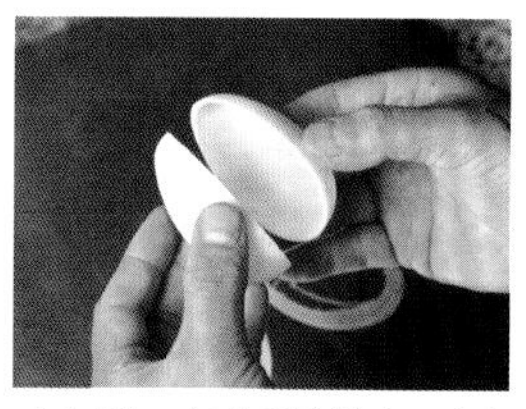

11 将2个半壳粘贴在一起。

12 用加热器将每个部件的接合面化开，然后将其附着到鸡蛋上。

13 狗的鼻子通过连接两个7毫米圆形裱花嘴做出的部件来完成。

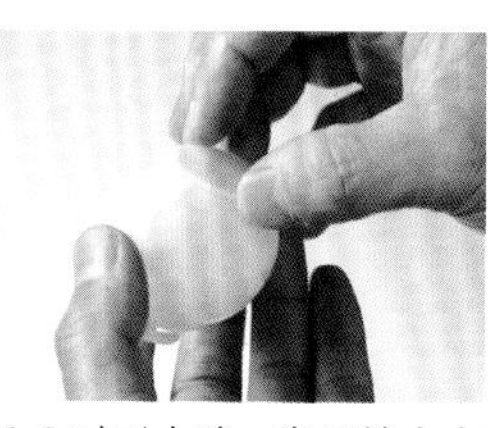

14 对于小鸡，先只粘上左翼和右翼，鸡冠暂时放置一边之后再组装。

15 巧克力用色素颜料用酒精溶解后，用喷枪在表面均匀喷涂。

16 混合红色和白色色素将猪染成粉红色，将狗染成焦糖色（直接使用市售颜色），将鸡染成白色。

17 稍稍融化鸡冠的接着面，将其粘在小鸡头上。

18 用棉签蘸取巧克力色的颜料，点出小动物的眼睛。

蛋糕的完成

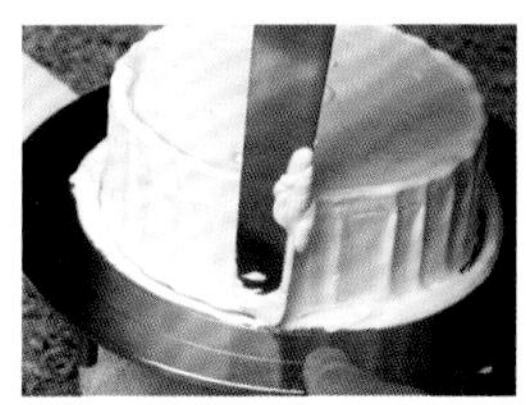

1 用鲜奶油做蛋糕（5号大小）的抹面，将抹刀竖起，缓慢旋转裱花台的同时，用抹刀在蛋糕侧面轻轻按压以做出波浪形的花纹。

2 在顶部撒上糖粉，在表面做出亚光效果。

3 将小猪和小狗并排放置在蛋糕表面后端。

4 用四等分切好的草莓、横向对半切开的金橘、覆盆子和食用花卉进行装饰。

5 将镜面果胶装入裱花袋中，在水果和花朵上稍挤一些进行点缀。

6 用鲜奶油抹面之后，将抹刀横置，缓慢旋转裱花台的同时，用抹刀在蛋糕侧面轻轻按压以做出条纹图案。

7 将小鸡放在正中间，用草莓、覆盆子和可食花装饰在小鸡四周，再滴上镜面果胶。

纯白系蛋糕营造出层次分明的质感

这种表现手法因为能够很容易让人联想到结婚礼服，因此多用于求婚仪式和婚礼庆典蛋糕的制作。闪闪发光的银箔点缀在光滑的镜面蛋糕表面，玫瑰花瓣上用喷枪喷上颜料营造出亚光效果以再现逼真的质感。即便是单纯的白色，却因为做出了不同的光泽度，也不会给人以平淡的印象。

巧克力塑形膏材质的玫瑰装饰物，配合蛋糕的效果好像是做出了两种类型的花瓣。这款蛋糕使用的花瓣展开尺寸很大，效果看起来很棒。

花蕊

巧克力塑形膏玫瑰

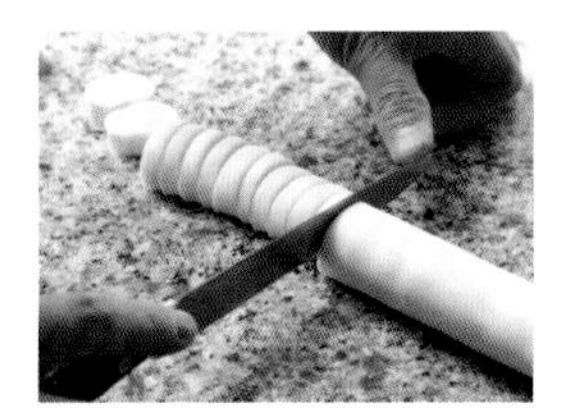

1 将白色巧克力塑形膏揉捏成易于使用的硬度，然后揉搓成直径 2 厘米的条状。

2 切成 1 厘米厚的薄片。切出 10 ~ 12 个备用。

3 用手心将其在桌子上按扁。按压时，注意一端不要过分压平，留出一些厚度。每一片上都尽量做出薄厚差的效果。

4 用刀在薄的那一侧仔细横向刮让其更薄。在刀的选择上，像扁舌刀这种刀身柔软的更适合做这步操作，刮起来会更易上手。

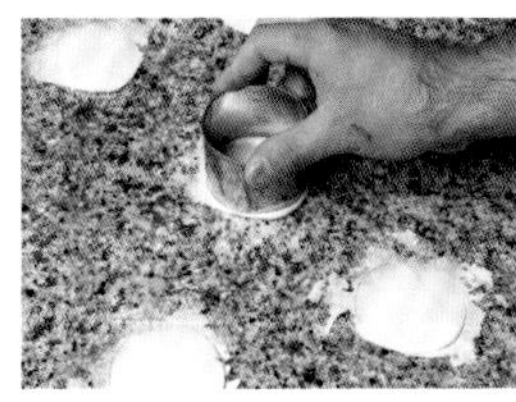

5 用切模切出一个直径为 6 厘米的圆片。

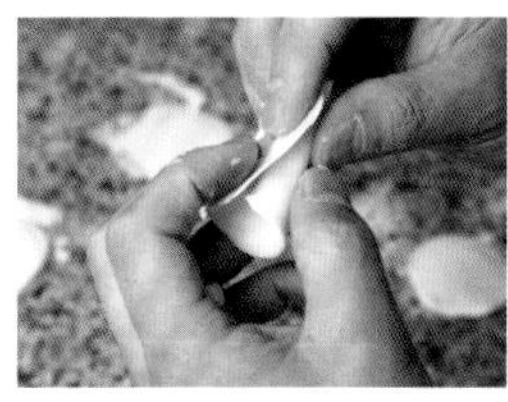

6 用小刀将其从操作台上取下，注意不要将其弄坏。

7 将其较厚的一面朝下，卷成圆锥形。

8 这个圆锥体就作为玫瑰的花芯。顶端不要太尖锐，尽量保持自然的弧度。

9 将第二片花瓣薄的一面朝上，用其包裹花芯。

10 包裹第三片时尽量使第二片花瓣的接缝处在第三片的中间。

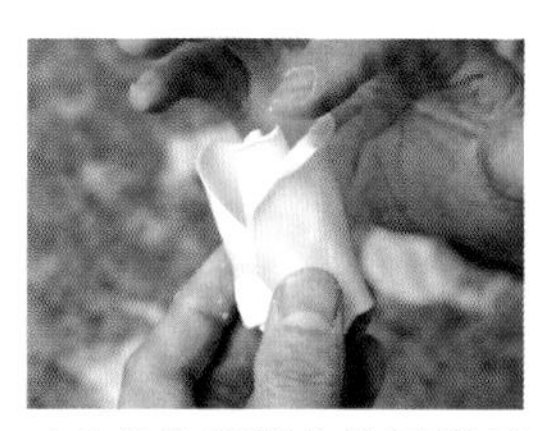

11 在注意整体的平衡基础上，向外展开花瓣的边缘。

12 用同样的方法，在展开后的花瓣外侧继续包裹其余花瓣。通过逐层增加两枚的包裹方法（例如 3、5、7 等），可以更容易地保持整体的平衡。

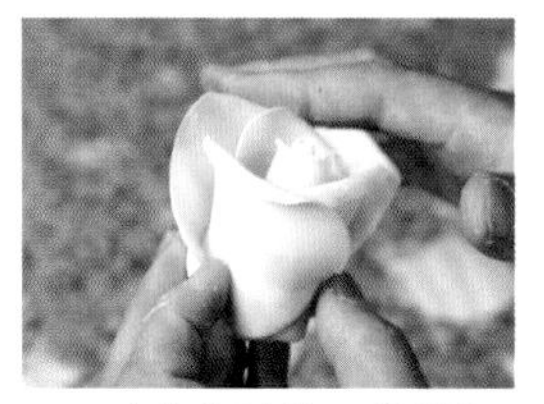

13 随着花瓣数量的增加，花瓣要逐渐向下移动进行黏合，并且花瓣向外展开的角度也要逐渐增大。

14 在注意整体平衡的同时，通过用手指轻捏花瓣的边缘使其产生尖角，或调整花瓣的展开角度，来营造出细微的差别。

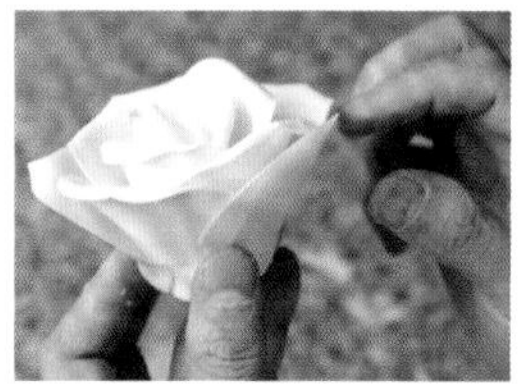

15 将 10 ~ 12 枚花瓣全部粘完后，从各个角度观察调整一下整体的平衡。

16 为了使其更容易放在蛋糕上，要切下花朵最底端。切取时使花朵保持斜向上的角度，从底部倾斜着取下花朵。

17 将白色巧克力颜料溶解在酒精中，用喷枪将整个花朵均匀喷涂。还要做两枚不粘在整体花朵上的花瓣，然后用相同的方法用喷枪喷涂。

褶边玫瑰

1 按照上文1～4相同的方法制作出部件后，原封不动地将其剥下，不用横向刮。

2 用同样的方法做一个花芯并叠放花瓣。

3 在操作台上剥离时自然形成的膨松边缘又具有另一番韵味。

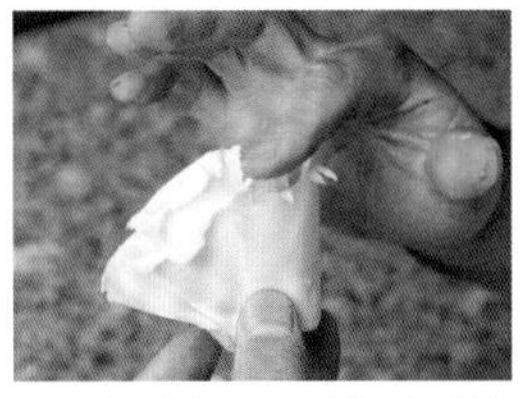

4 在注意不要破坏脆弱边缘的同时，轻轻卷曲花瓣的边缘。

5 在注意整体平衡的同时，让花瓣展开。

蛋糕的完成

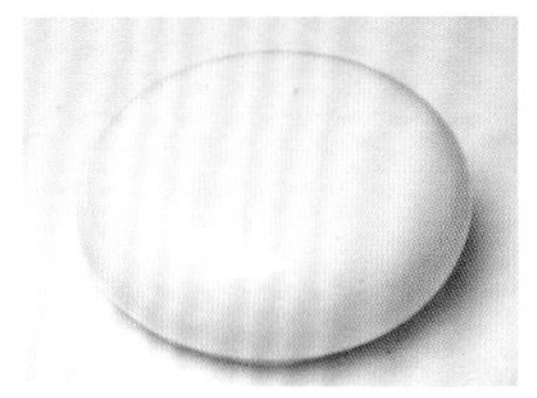

1 准备好直径约15厘米的圆盘状蛋糕坯，倒上巧克力镜面酱做出淋面。

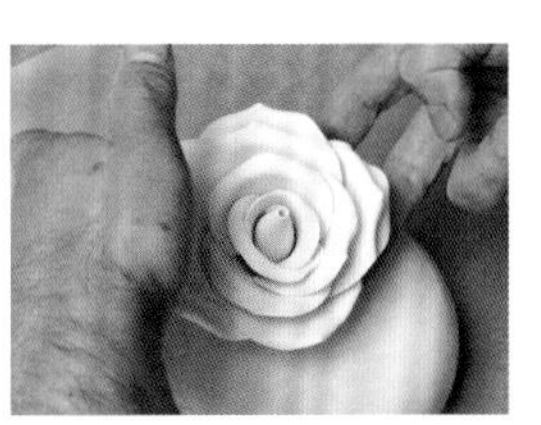

2 将巧克力塑形膏的玫瑰面朝斜上方放置在蛋糕的正中央。

3 在玫瑰的两边插入花瓣，并用可食用花瓣进行装饰点缀。

4 将金箔添加到镜面果胶中混合，并装入裱花袋。

5 在花瓣上挤上几滴金箔果胶混合物。

6 在涂层面上点缀上银箔来完成最后的装饰。

巧克力镜面酱

【配料】

水	120克
海藻糖	150克
吉利丁片	8克
炼乳	100克
海乐糖	150克
镜面果胶	100克
白巧克力	150克

* 海乐糖是一种淀粉糖浆，优点是加热后几乎不发生颜色变化，并且具有适度的甜味。

巧妙运用巧克力装饰来改变传统印象的手法

卷曲的巧克力片是一种非常易于使用的装饰配件，能够轻易与任何蛋糕进行搭配。在本章节，我们将其运用于做花园风格的两种奶油蛋糕中。即使使用相同的方法，也可以通过调整卷片的大小和装饰方式来做出外观看起来完全不同的作品。

花束

三叶草

巧克力卷片

1 将经过调温处理后的巧克力调节至30℃，用抹刀将其刮抹在边长20厘米的正方形塑料包装纸上，厚度控制在1～2毫米，待其干燥至不粘手的状态。

2 将巧克力切成1厘米宽。如果在塑料包装纸的两端都放置方条后再在上面放置标尺，巧克力就不会粘在标尺上，就可以将其顺利切成直条的同时又不会弄脏表面。

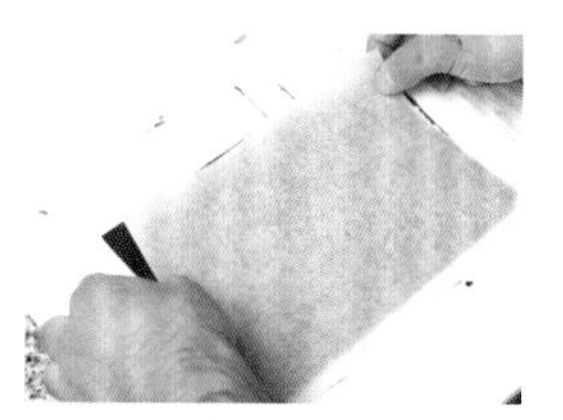

3 用烘焙纸将其盖住后提起塑料包装纸，注意不要碰到巧克力。

4 将其围绕住直径约6厘米的树脂圆柱体，烘焙纸面朝下，并用胶带将其固定。

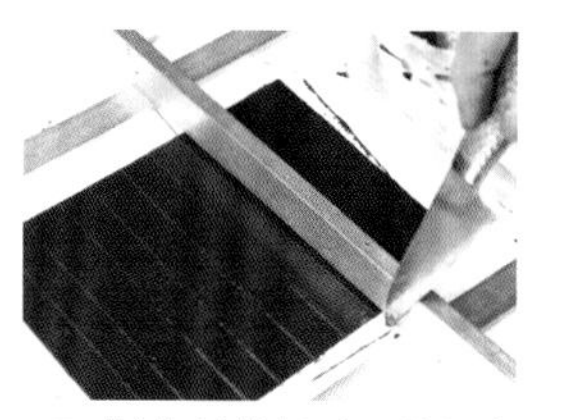

5 制作其他尺寸。以与步骤1相同的方式将巧克力铺在塑料包装纸上，然后切成1.5厘米宽的条状。

6 在上方覆盖厨房纸后缠绕在直径为4～5厘米的圆筒上，例如保鲜膜内纸芯。缠绕两周以做成立体装饰部件。用胶带将其固定。

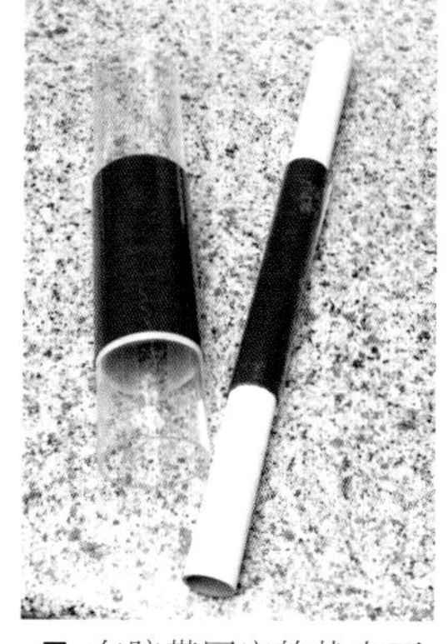

7 在胶带固定的状态下，待其完全冷却成形。

8 取下胶带，将其从滚筒上取下，把纸和塑料包装纸撕下。

9 以与步骤6相同的方法，采用抹茶色的巧克力色素染色后的白巧克力进行操作。如果使用白巧克力制作，请将温度调节至29℃再将其倒在塑料包装纸上。

10 请注意，双层卷曲的结构在剥离时脆弱易碎。在滚筒上取下后，请先拉出纸张。

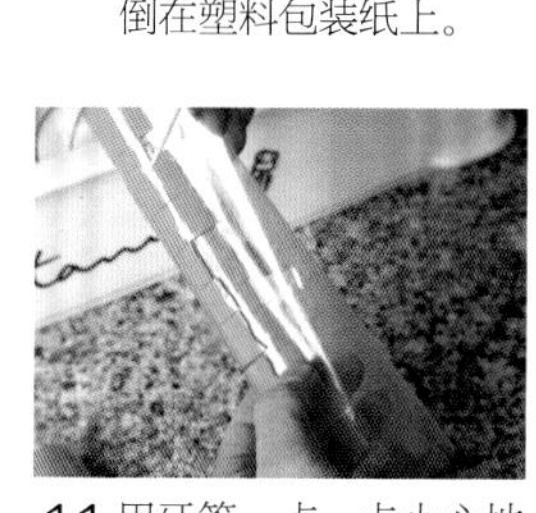

11 用牙签一点一点小心地将其从塑料包装纸上剥离。

蛋糕的完成

1 在冷冻状态下，从模具中取出事先准备好的直径为 7 厘米的奶油蛋糕，倒上巧克力浆做出涂层。

2 将直径为 6 厘米的圆筒状巧克力卷片放在蛋糕上。

3 将巧克力碎填入巧克力卷片中，做成土的样子。

4 放上三叶草的叶子以完成最后的装饰。

花瓶

1 冷冻状态下从模具中取出在硅胶模具中提前做好的小蛋糕。

2 从上方浇上由抹茶色和黄色色素混合而成的镜面果胶，做出淋面。

3 使用抹茶色染色后的白巧克力，制成直径为 4 厘米的双层巧克力卷。

4 将巧克力卷放在稍微偏移开蛋糕顶部中心的位置。

5 在卷片双层空隙之间插入可食用的花以完成最后的装饰。

巧克力镜面酱

【配料】

水	120克
海藻糖	150克
吉利丁片	8克
炼乳	100克
海乐糖	150克
镜面果胶	100克
黑巧克力	150克

* 海乐糖是一种淀粉糖浆，优点是加热后几乎不产生颜色变化，并且具有适度的甜味。

巧妙运用巧克力装饰来改变传统印象的方法

本章将使用我之前提到的巧克力卷片进行更有趣的尝试。两个作品均以黄、棕两种颜色混合制成的大理石花纹为外部图案，但是通过改变大理石花纹的走向以及蛋糕基底的形状，便可以给人营造出或甜美可爱或清新凉爽的截然不同的印象。

妙脆香蕉

焙花南瓜蛋糕

渐变花纹淋面

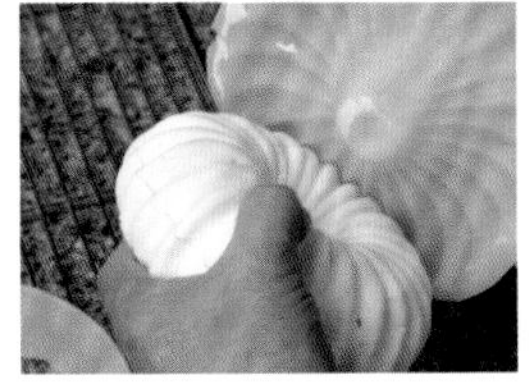

1 制作出南瓜和香蕉形状的蛋糕基底，在冷冻状态下从模具中取出。两种模具都是中山大厨自制后量产的硅胶模具。

2 淋上用混合了黄色色素的巧克力镜面酱（请参阅第51页）做好整体的淋面。

3 第二步完成后，立即将裱花袋中提前装好的巧克力糖浆在蛋糕上挤压出水滴形状。借助重力作用，水滴会向下流动，形成自然的渐变花纹。

4 同样，用巧克力糖浆淋面做出香蕉整体的淋面。

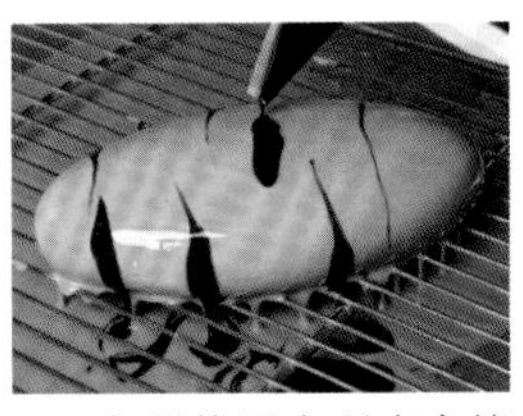

5 立即挤压上巧克力糖浆。挤压时沿水平方向做出前端粗末端细的效果。

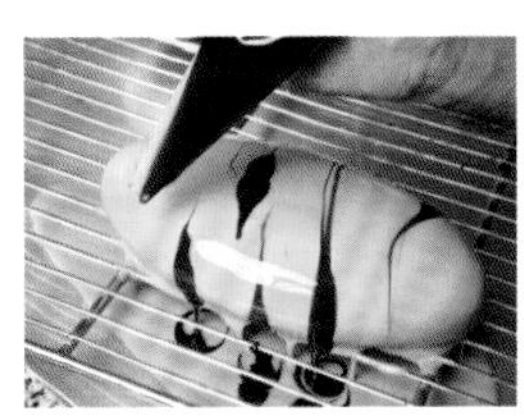

6 如果您从与之前所说的挤压方向相反的方向挤压的话，最终将得到中心较粗末端较细的类似虎纹的渐变花纹。

蛋糕的完成

芙蓉德埃特

1 将白色巧克力塑形膏拉伸至1毫米厚，用花形的制糖模具切出小花。

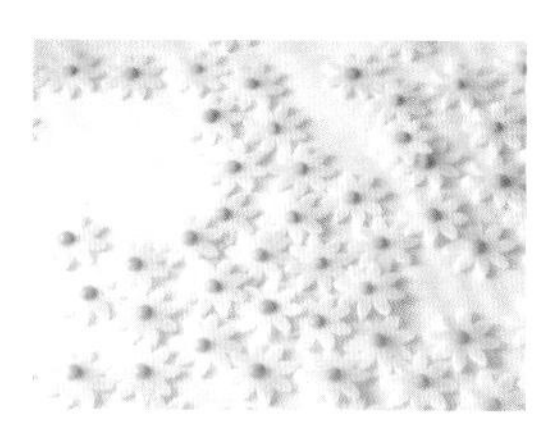

2 将染有黄色颜料的巧克力塑形膏揉成小球，粘在花上作为花芯。

3 用3块染成黄绿色的白巧克力做好的巧克力卷片装饰在南瓜形蛋糕上。

4 请参阅第51页的“蛋糕涂饰”步骤1～3，用染成黄绿色的白巧克力做出巧克力细棒装饰在卷片上，点缀上巧克力塑形膏花完成最后的装饰。

萨法利

1 将经过调温处理后的巧克力调节至30°C，用抹刀将其薄薄地刮抹在塑料包装纸上，待其完全硬化成形。

2 从纸张上剥下，并切成合适的尺寸。

3 用黑巧克力做成巧克力卷片，并撒上糖粉。

4 将3个巧克力卷片彼此重叠放置，做出立体造型。

5 用第二步中制成的巧克力板插在卷片中，点缀上覆盆子完成最后的装饰。

自制模具让马卡龙作品充满浪漫气息

这是一款色彩缤纷的马卡龙作品。在自制模具上描绘出花朵及草莓的图案，使成品的整体效果充满了罗曼蒂克的气息。无论是使用金橘作为夹心的橘黄色色系马卡龙还是填充了草莓在夹心层的草莓图案马卡龙，都巧妙地使作品的口味与外观紧密地联系在一起。

水果夹心马卡龙

春日

马卡龙模具的制作

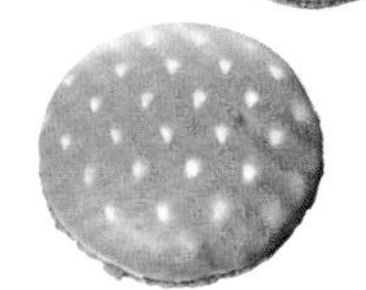

1 使用硅胶垫自制模具。

2 用如图所示的制革工艺中常用的拔件制作模具。在硅胶垫上分别印出花瓣和水滴形。

3 烘烤出橘色、黄色和粉红色的马卡龙。

4 将印出花样的硅胶垫盖在烘焙好的马卡龙上方，用已装好用酒精融化的白巧克力专用色素的喷枪在上方均匀喷涂。

5 用棉签蘸取用酒精溶解的橙色颜料，点在花朵中央做成花蕊。

6 另取一部分粉红色马卡龙，盖上做成水滴形状的硅胶垫，然后用喷枪均匀喷涂上粉色。

7 再用喷枪在其下方喷上用酒精溶解的黄绿色色素，做出草莓纹样。

蛋糕的完成

水果夹心马卡龙

1 将直径 7 厘米的黄色和橙色马卡龙加工成花朵图案。

2 在黄色马卡龙上挤上奶油，粘住冷冻好的焦糖布丁，在布丁上面再挤上少量奶油。

3 将事先切好的金橘围绕布丁摆放一周，扣上橘色马卡龙。

4 在做成花卉图案的粉红色马卡龙中心用覆盆子围绕布丁进行摆放。

5 做成草莓图案的马卡龙中心则采用切好的草莓进行排列摆放。

春日

1 将调温白巧克力调节至 29°C，将其倒在塑料包装纸上，并用抹刀将其刮抹至约 2 毫米厚。

2 用三角梳在上方平刮，做出条纹图案。

3 完全硬化成形后，将其从 OPP 纸上取下并切成适当的长度。

4 在圆盘状硅胶模具中放入奶油蛋糕，在冷冻状态下从模具中取出。用喷枪装上白色已溶于酒精的巧克力色素进行整体均匀喷涂，做出亚光效果。

5 使用星状裱花嘴将鲜奶油在上面挤出圆形。

6 在烤出的直径为 3 厘米的小号马卡龙上做出花卉或草莓图案，中间夹上奶油进行黏合后，装饰在第 5 步中做成的奶油圈上。

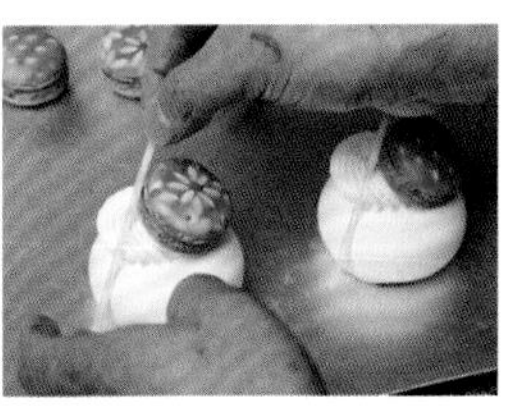

7 使用第 3 步中做出的巧克力细棒进行最后的装饰。

巧妙运用糖的色泽映出特别日子的光彩

魔法之心

免受潮，翻糖作品将作为单独提供的一个配件，客人将会在用餐之前自行操作以充分享受装饰的乐趣。

虽然您很少在日常操作中接触到它，但翻糖工艺在顾客群体中很受欢迎，而且可以有效提高您作为糕点厨师的技术水平，绝对值得您在考虑装饰方法时进行尝试。

翻糖

这是一项基本技术，主要是将糖进行多次拉伸和折叠，通过包裹空气而最后呈现出光泽。使用这种方法制出的翻糖，能够做成各种形状。

一般说来，糖在高温下煮沸会变硬并且增加光泽度，但是中山主厨认为，即使沸点较低，随着温度的降低，它也会变硬并自然增加光泽度。所以他在操作中的温度设定要比常见做法低得多，并添加了抗氧化剂酒石酸以改善延展度，使其成为更易于使用的状态。但是，由于温度还是要超过100℃，所以在工作时请务必戴上手套以保护您的双手。

拉糖原料

【配料】

砂糖 1.5千克

水 300克

膨胀剂（酒石酸）.......... 3克

1 将食材放入锅中，将温度升至156～163℃。煮沸温度根据气候而进行调节，在隆冬时节温度升高至156℃，在盛夏时节将温度升高至163℃。

2 当煮沸时间改变时，糖的分解程度也会随之改变，因此无论温度调整至多少度，都要适当调节火的大小以保证煮沸的时间相同。将熬好的糖倒在大理石桌上的烘焙纸上。

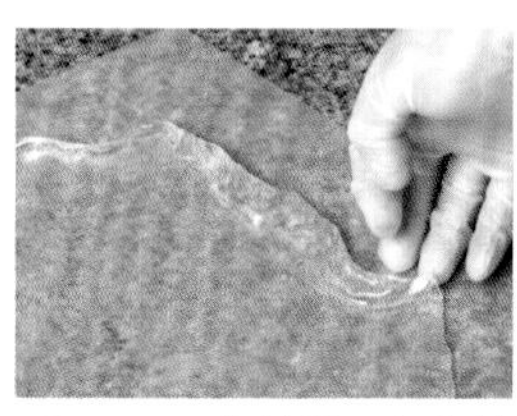

3 2～3分钟后，它将从边缘开始逐渐变硬，这时一点一点小心地将其从烘焙纸上剥下来。

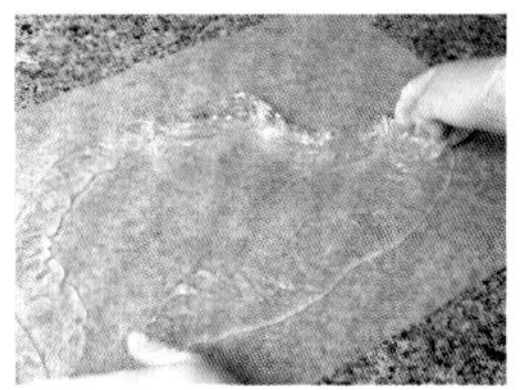

4 从外侧边缘向中心方向滚动着将所有的糖一点点从烘焙纸上剥下。

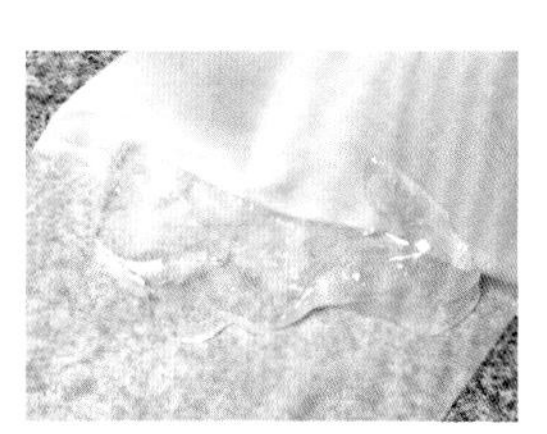

5 在烘焙纸上反复移动剥离下来的糖。

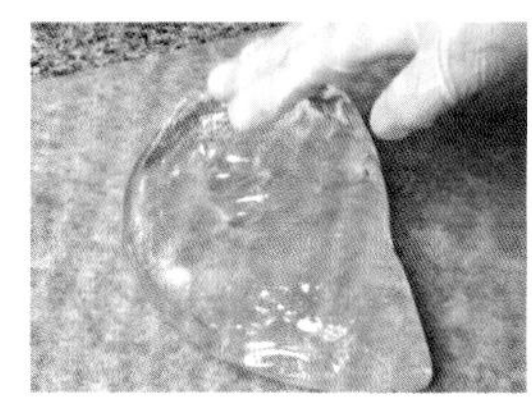

6 直到无论怎样移动，糖也不再延展，这表明可以开始拉糖。

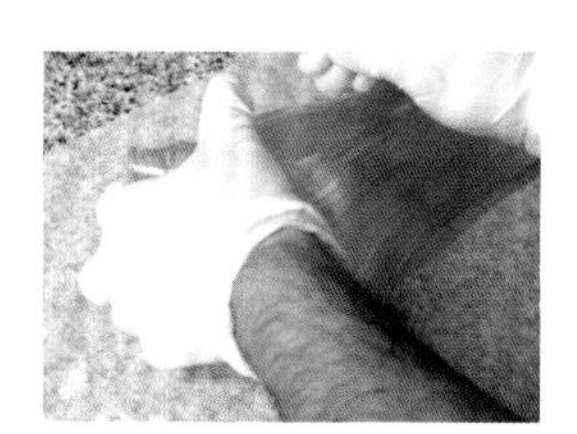

7 用双手握住两端，抻开后折叠。

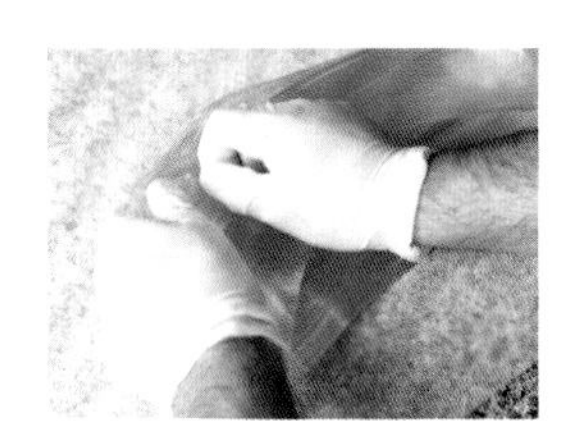

8 重复拉伸和折叠的操作，糖会慢慢包裹进空气，逐渐变白并出现光泽。

9 一点点将其抻长，包裹进更多空气。反复操作后糖已经开始变硬，需用力将其充分抻开。

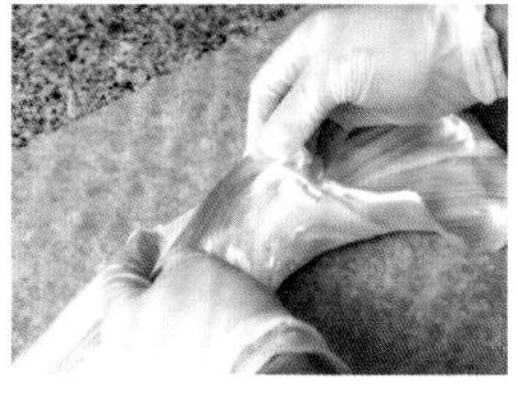

10 捏捏边缘检查光泽度。因为此时还将包裹进更多空气，所以在进行最后的加工前不要将其先直接拉至理想光泽度。

11 成为图中所示的状态说明基本完成。如果拉伸过度，糖会结晶化、光泽度会降低。接下来利用翻糖材料进行细部加工制作。

玫瑰

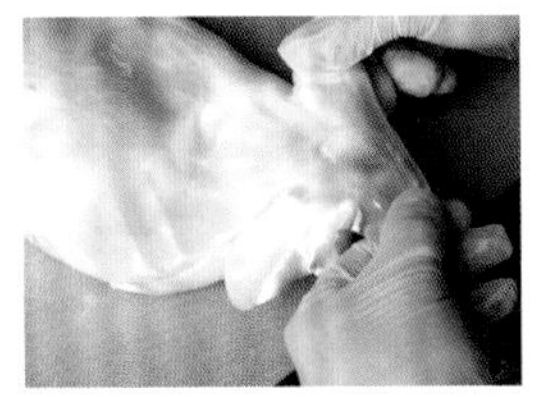

1 选择出翻糖原料中光泽度最好的部分，握住其边缘处，向左右拉抻使其变薄。

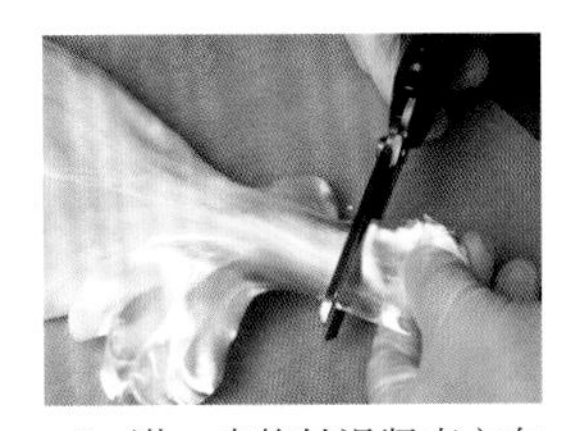

2 进一步将其沿竖直方向拉抻成椭圆形，用剪刀将其剪成适当的大小。

3 把它卷起，将上端顶部捏出尖，做成圆锥体形状。这一步操作是为了做出玫瑰的花芯。若想做绽放角度大的玫瑰，需将芯做得更粗。

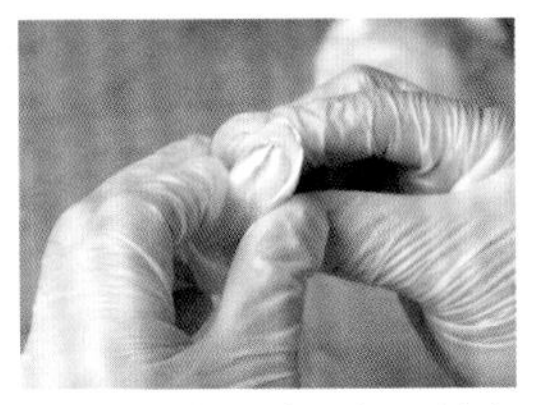

4 以与上述步骤相同的方式切出花瓣形状，让它们包裹着花芯，将花瓣底部粘在花芯上。

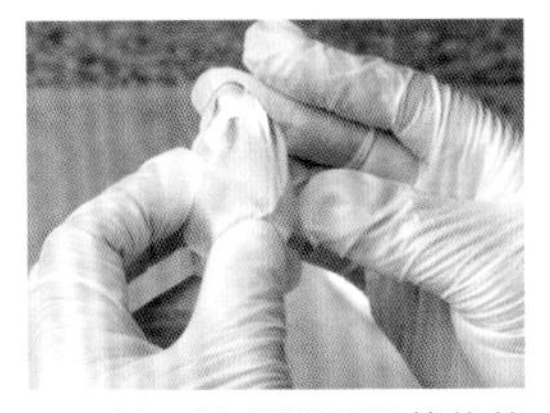

5 第二枚花瓣要沿着花芯放置，并同时略微叠压住第一枚的一部分。第三枚以同样的方法稍微叠压住第二枚花瓣的一部分。之后让花瓣的边缘稍微向外张开。

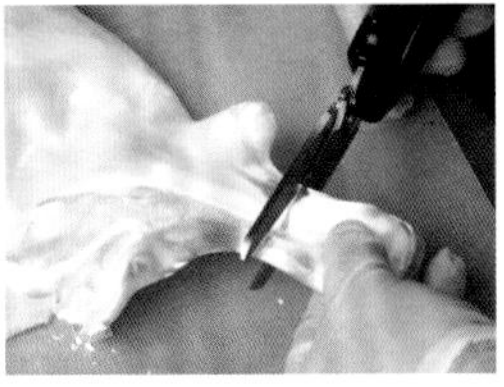

6 从第四枚花瓣开始要做的稍大一些。

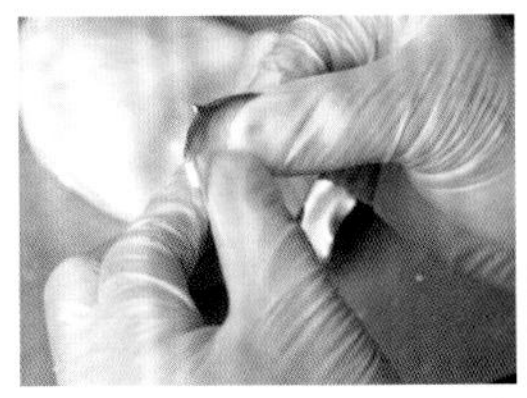

7 轻轻捏住花瓣的外边缘，在正中位置捏出一个尖，并将其轻轻向外打开。

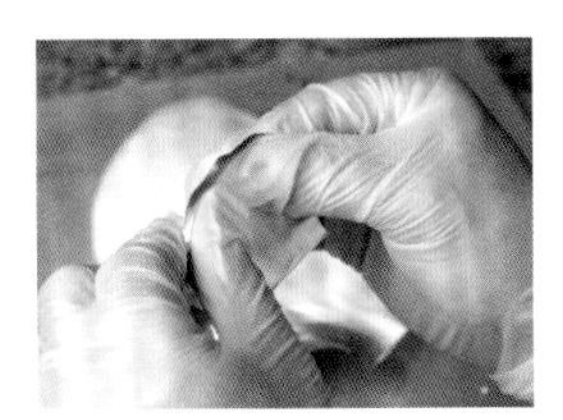

8 如果用大拇指将花瓣按压摊开让它们变圆，花瓣的效果将更加逼真。

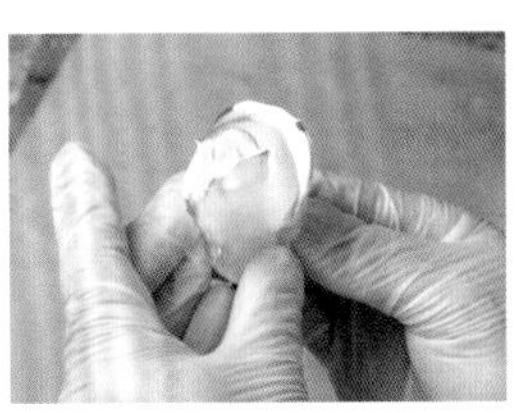

9 以与第五步相同的方式将花瓣粘在花芯上。

10 每圈花瓣的尺寸要逐层增大。

11 逐渐将花瓣与花芯接着的部位下移，增大花瓣绽放的角度。

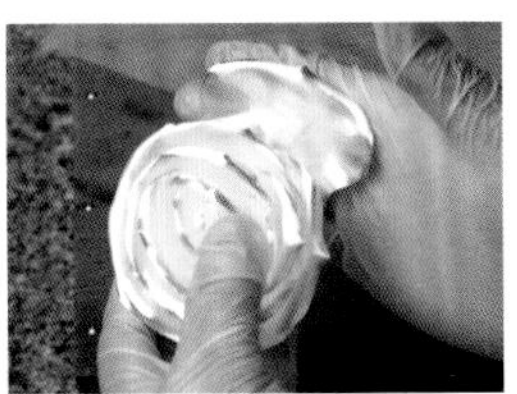

12 在注意整体平衡度的同时，完成 11 ~ 13 枚花瓣的接合。

叶子

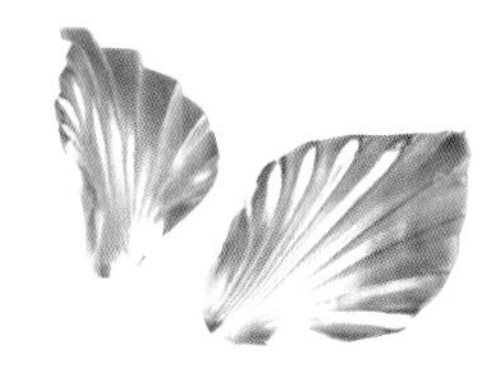

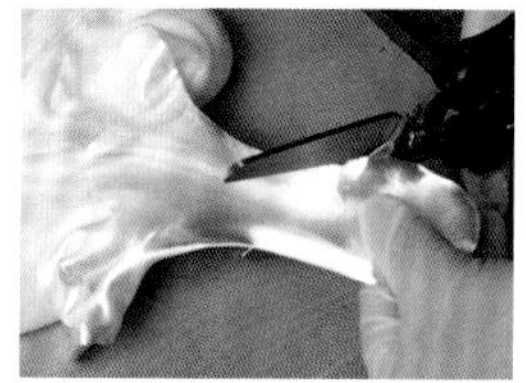

1 使用与制作上页玫瑰相同的翻糖材料块，在上面拉抻出椭圆形，然后剪出一块水滴形状。大小与花瓣相比要大两圈左右。

2 夹在叶子形的制糖模具中，做出叶子的叶脉纹路。

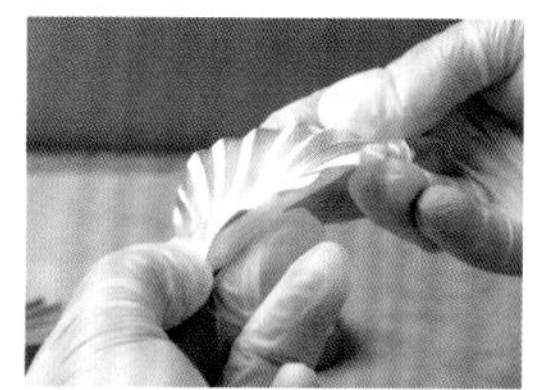

3 稍稍将叶子外侧从根部向中间收拢，做出生动的形态。

藤蔓

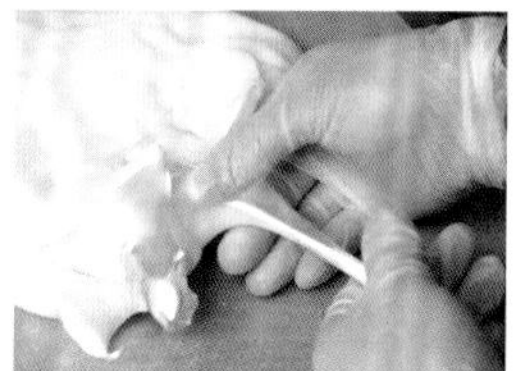

1 慢慢地轻轻地拉抻糖块，拉出细条状。

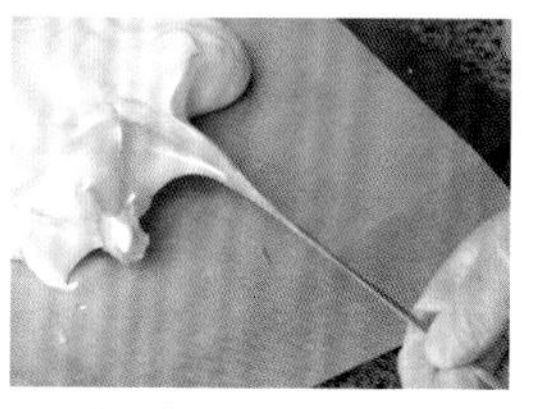

2 拉伸至约40厘米长，用剪刀将其剪下。为了更便于黏附，根部应做的粗一些。

3 沿着圆形模具弯曲折叠，待其完全硬化成形。

蛋糕的完成

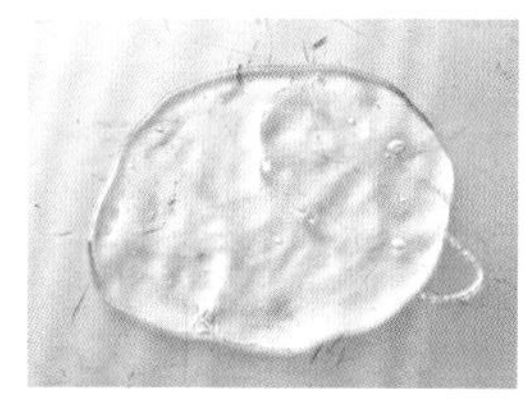

1 将煮沸的糖倒在操作台上，浇出直径约10厘米大小，待其完全硬化成形后用来作为底座。

2 用喷火枪加热底座和玫瑰的底部，使其稍稍融化并将它们粘在一起。用同样方法，将玫瑰以不同角度粘在底座上。

3 用喷火枪加热叶子的根部，插在玫瑰下方，使其粘在一起。

4 取两根藤蔓，做出空中交错的形态粘在底座上。

5 在自制的硅胶模具制作成的甜点上，浇上红色巧克力颜料染色的巧克力淋面并整形。

6 将做好的拉糖造型放置在第五步完成的甜品上，最后在藤蔓和甜品表面用金箔点缀以完成最终的装饰。

4

配合庆祝活动而登场的纪念性装饰造型

在每年的母亲节、生日以及其他周年纪念日这样的特殊日子，更多的人会在举办这种小型庆祝活动时，从甜品展示柜里排列好的蛋糕中进行选择，而不会采用定制形式的蛋糕。

本章为您介绍一种比常见类型稍具特色的，加入了一些更符合各项庆祝活动内容的纪念类蛋糕。

滨田厨师长制作这款甜品的魅力在于，您可以充分感受到纯手工制的温暖。质朴且温柔的装饰造型也非常适合各类家庭聚会。

讲解人

滨田舟志

Shuji Hamada

Grüneberg

黄油奶油装饰蛋糕

黄油奶油装饰蛋糕

以淡粉色为基础色调，饰有花边和奶油裱花。

这是一款以结婚周年纪念日为主题的经典奶油蛋糕作品。

因为使用人数的减少，曾经作为糕点师基础技法之一的奶油裱花装饰法现在已经很少见了。因此，许多客户是第一次见到这种装饰形式，他们会感到很新奇。

在过去的几年中，甜品界从健康角度考虑对采用动物油脂进行了重新考量，并引发了黄油奶油的使用热潮。这也是为了能实现您做出区别于其他店铺的产品所应该更新掌握的技术。

制作人　菅原麻美

裱花用奶油

【配料】
无盐黄油……300克
意大利蛋白霜
　蛋白……80克
　砂糖……120克
　水……40克

玫瑰

1 在裱花用奶油中添加制糖工艺中采用的色素颜料，将其染成淡粉色和淡紫色。玫瑰要使用的是未着色和淡粉色的奶油。加入色素后整体流动性会增大，注意不要过度搅拌。

2 在装有制作玫瑰花瓣用的裱花嘴（103号）的裱花袋中填充进已调整为相同硬度的两种颜色的奶油。靠近裱花嘴那一端先装淡粉色奶油。粉色的颜色深一些，所以少加一些即可。

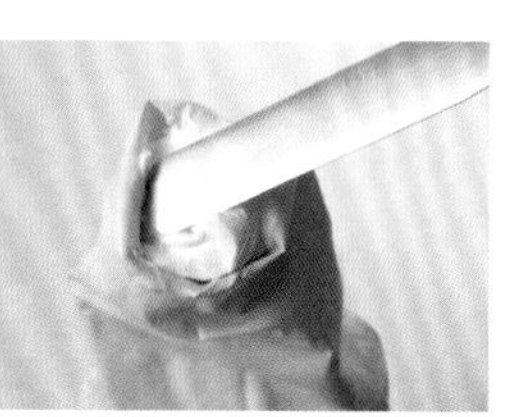

3 在粉色奶油中加入未着色奶油。将淡粉色奶油与白色奶油的使用量以1：4的比例填充，可以呈现非常漂亮的渐变效果。

4 在用于制糖工艺的花钉（迷你裱花台）上，用直径为5毫米圆形裱花嘴将未着色的奶油挤成圆锥形。这就做成了玫瑰的花芯。

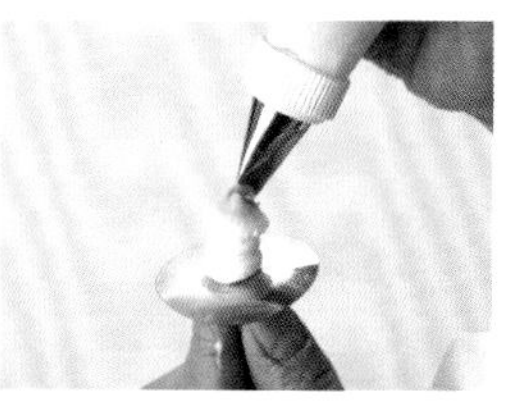

5 握住第三步中填充好的裱花袋，使其尖端朝上，握住裱花袋在花芯的上三分之一处挤压一圈，做出一个包裹住花芯的伞形。从开始挤压到挤压完成，如果能够绘出一个低缓的山形曲线，就可以挤出一个漂亮的圆锥体。

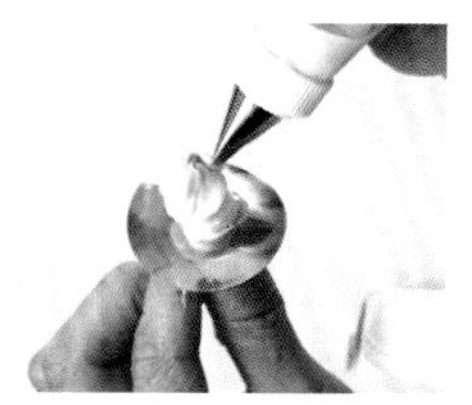

6 在第五步挤压收尾处稍微叠压一部分，再挤压一圈。比起之前那一圈，这一圈挤压时稍向上移动2毫米会使其更有立体感。

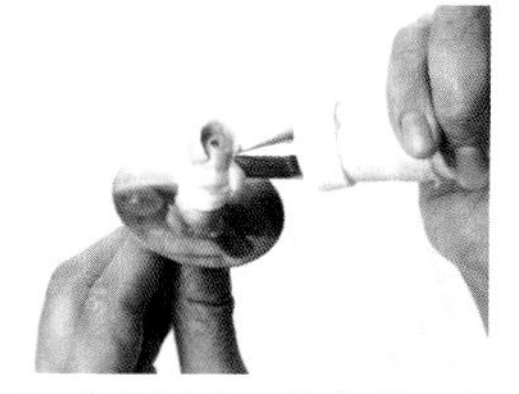

7 每圈挤出3枚花瓣。边用指尖转动裱花盘，边将每枚花瓣挤压出山形的曲线弧度。

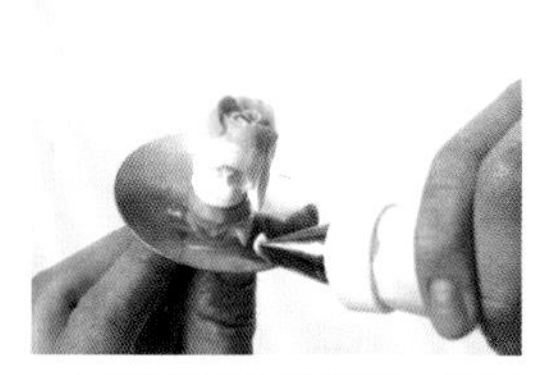

8 随着圈数的递增，每层的挤压位置也要逐渐稍稍上移，使其呈现向外绽放的形态。

9 每圈多挤压1～2枚花瓣，使花朵的尺寸逐渐增大。

10 花瓣的尺寸要逐渐增大，展开的角度也要逐渐变大。

11 挤压至第五圈结束。用抹刀将花朵取下并放进冷冻室待其成形。可以保存较长时间，但是因为其可以散发出淡淡的香味，所以建议尽快使用。

紫罗兰

1 在装有制作玫瑰花瓣用的裱花嘴（101号）的裱花袋中填充进已调整为相同硬度的淡紫色和无着色的两种奶油。如果想要给紫罗兰的内部上色的话，请避开裱花嘴尖端部分填进约四分之一程度的紫色奶油，用未着色的奶油填充进其余部位。

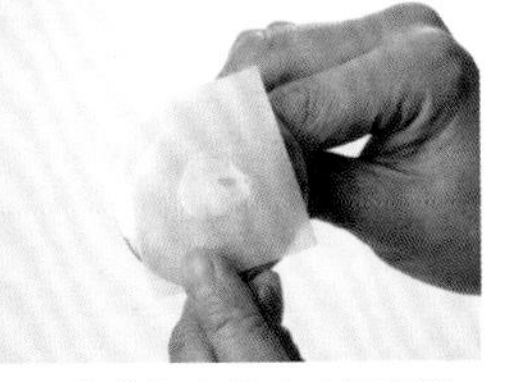

2 在花钉上挤上少量奶油，贴上一块烘焙纸固定。

3 握住裱花袋，嘴尖朝上，将花瓣挤压成水滴状。

4 挤压下一枚花瓣时要使其与之前挤压出的花瓣稍稍重叠，用这种方法挤压出5枚花瓣做成一圈。从花钉上取下烘焙纸，并存放于冷冻室中。

蛋糕的完成

1 在一块被擀薄并做好形状的白巧克力板上，用装入裱花袋的巧克力写上祝福语句。

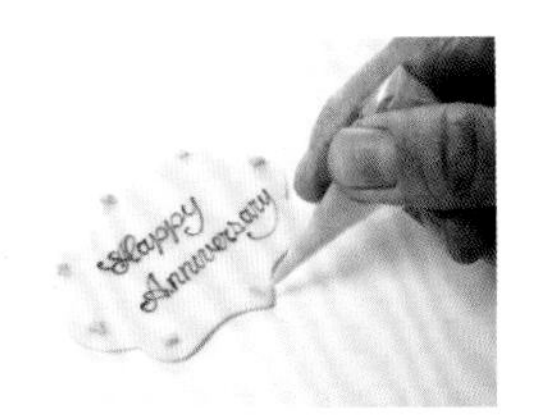

2 在裱花袋中装入粉色奶油，揉搓以去除奶油中的气泡，使其变得光滑且更易于涂画。在白巧克力片上画出小花图案。

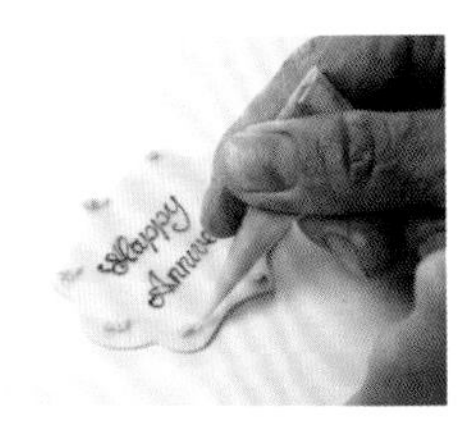

3 用同样方法使用紫色奶油画出小花图案。

4 用粉色奶油抹面，用圆环切模在侧面按压，做出花边的边缘线条。直径约为16厘米的蛋糕，需使用直径6厘米（7号）的圆环，以营造视觉上的整体平衡感。将圆环向下移动1厘米左右，再按压出第二条边缘线。

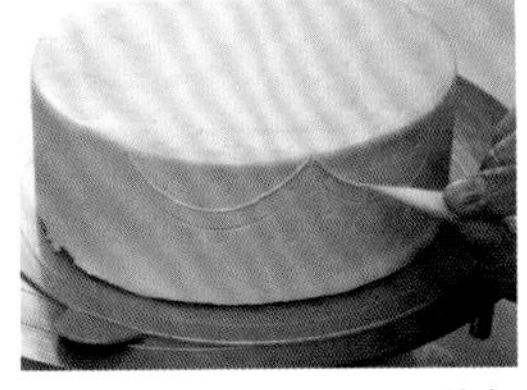

5 在裱花袋中填充无着色奶油，沿上面一条线挤压描画。

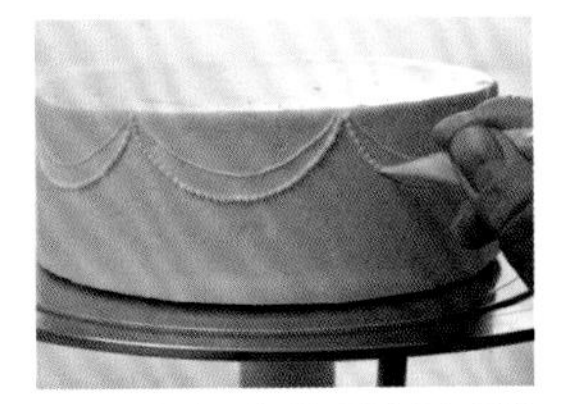

6 下面一条线要挤压成数个连接在一起的珠子形状。挤压时，可以尝试按照轻轻挤压一下马上松开这种手法顺着线的方向点挤描画，就会形成一条美丽的珠链。

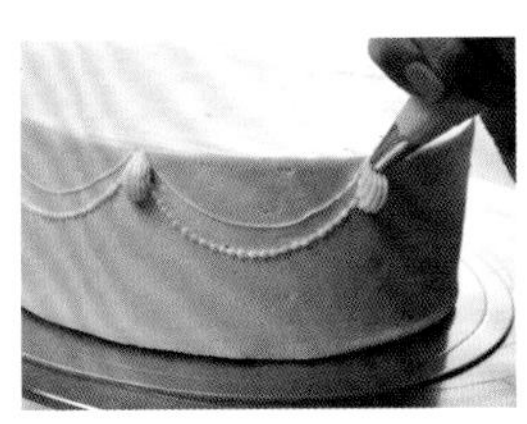

7 在两条线的交汇处，用10齿4号星形裱花嘴将奶油挤成贝壳状。

8 在甜品上方装饰上提前做好的玫瑰花。在两者接合的地方挤上少量奶油作为黏合剂使用。

9 将对半切好的草莓和覆盆子装饰在甜品表面，点缀上做好的紫罗兰花。

10 将写好祝福语的白巧克力板摆放好后便大功告成。

粉色康乃馨
奶油草莓蛋糕

粉色康乃馨奶油草莓蛋糕

这是一款满满地装饰着康乃馨花的母亲节主题蛋糕。

这是一种极具冲击力的华丽装饰手法，但又仅仅采用了看起来像花芯的草莓以及巧克力花边这两种装饰元素，完成整个装饰就像将巧克力插入奶油基底中一样简单易上手，因此，如果您可以很好地制作出巧克力的花边，将会既能一次性制作出大量作品又能省去很多时间及精力。

制作大朵的康乃馨时，如果在巧克力花边上做出太多折痕，动人的感觉将会大打折扣，所以要将花边的弧度制作得小一些。为此，需要巧克力具有很好的延展性。滨田主厨在巧克力中添加了少量色拉油，有效地改善了其延展性，从而制作出了犹如天鹅绒般光滑的褶皱花边。

巧克力花边

准备工作

白巧克力化开后加入同比例百分之五份量的沙拉油以增加黏稠度。加入冻干草莓粉混合调出粉色。不需过分追求混合均匀，浓淡相间的感觉会更有助于增加花边的美感。

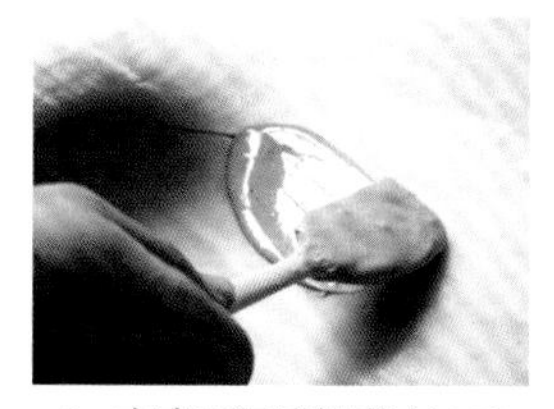

1 在表面温度调节在20℃左右的操作台上淋上加热至30℃的巧克力。操作台温度的控制是操作重点，温度过高会导致巧克力无法凝固，过低则会影响后期剥离。

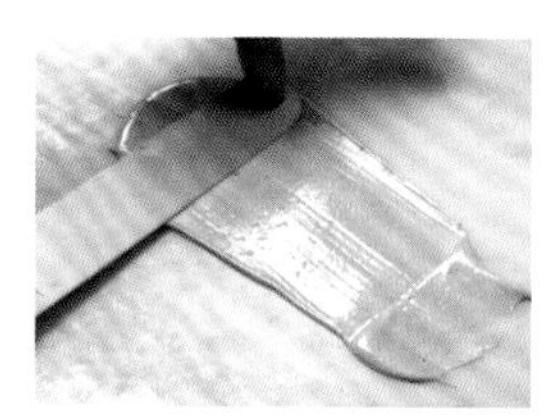

2 用抹刀将巧克力浆刮成1毫米厚、10厘米宽的带状。

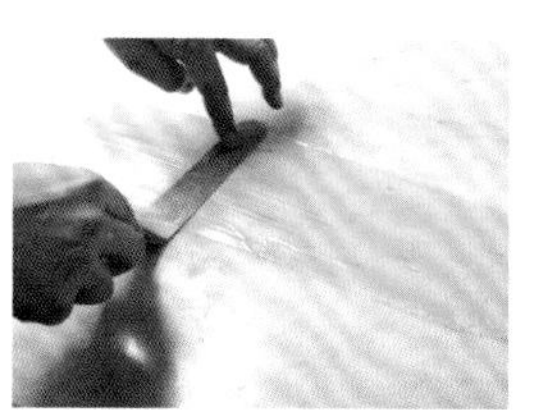

3 用抹刀保持刮抹以冷却巧克力至不粘手的状态。

4 待巧克力冷却至即便用手触摸也不会粘手的状态后，用刮板沿纵向刮取。制作期间的温度能够严格按照要求控制的话，就能够顺利刮取出美丽的扇形花边。

5 一定要注意温度的把握，如在未凝固前就刮取，会造成褶皱处汇聚在一起；如果过分冷取凝固后再刮取，就会散成碎屑。

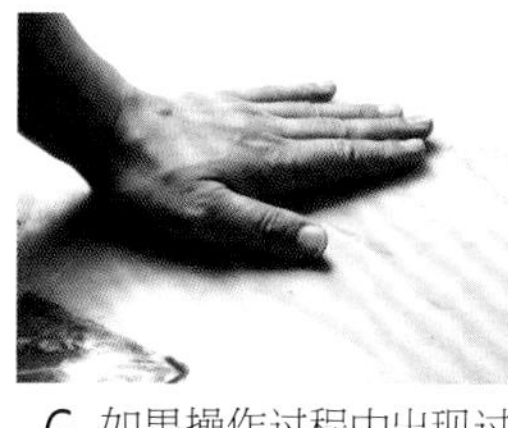

6 如果操作过程中出现过度冷却的情况，只需将手掌覆盖于巧克力上方，用掌心温度对其进行再次调节直至适当状态。

蛋糕的完成

1 制作 1 个 4 英寸蛋糕，需要大约 30 枚花边。准备的花边尽量有大有小，这样会更便于制作出无空隙插放（密叠）的效果。

2 先用鲜奶油将 4 英寸圆形蛋糕坯平整抹面。转动裱花台的同时用三角梳在侧边划出横纹。

3 用直径为 8 毫米的圆形裱花嘴在蛋糕顶部最外侧裱一圈奶油边。

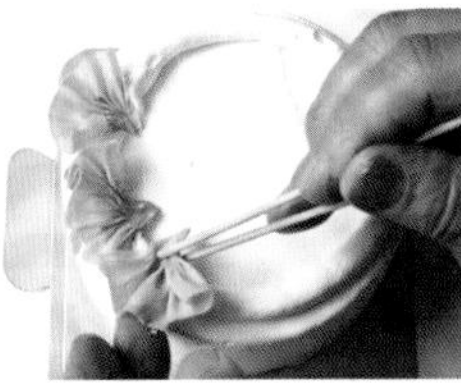

4 在做出的奶油圈上轻轻斜插入巧克力花边。因为有最外层的一圈奶油作为支撑，会使花边呈现更加立体的效果。

5 用事先做好的巧克力花边在蛋糕最外圈排列一周，花边之间做出互相叠压的效果。

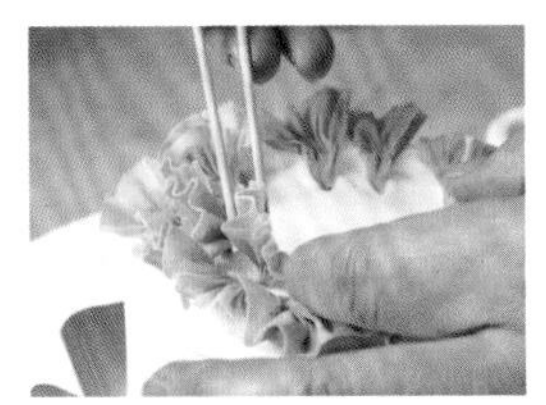

6 之后向内再排列插入两层花边。随着向蛋糕中心靠近，花边翘起的角度要大于外侧花边翘起的角度，做出花瓣的立体效果。

7 在最中心处放入一颗草莓，四周用对切开的草莓围绕排列。

用曲奇饼干制作出“真的好吃”的小配件

草莓生日蛋糕

一般来说被放在生日蛋糕上作装饰的小玩偶都是用糖浆制成的，这种小配件极硬，而且也不好吃。因此，我们尝试使用了色调柔和的糖霜饼干让蛋糕变得可爱和美味。

糖霜饼干是很好用的一种装饰配件，因为它可以保存很长时间并且可以预先制成，食用时也会给人一种与蛋糕不同的风味与口感。

糖霜饼干

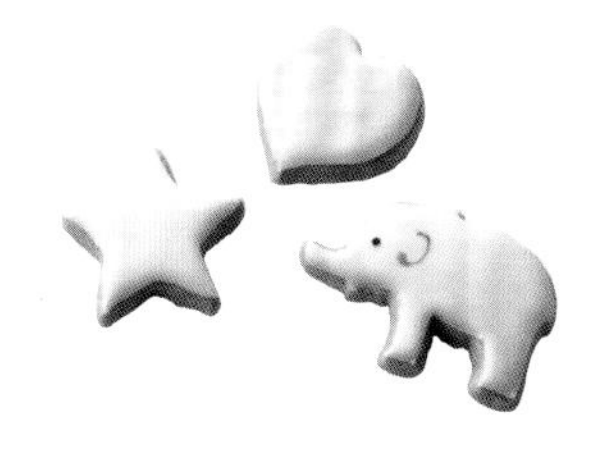

1 在200克糖粉中加入30克水和3克干燥后的蛋清，制成糖霜，用制糖工艺中采用的柔和色调的颜料将其染色。用汤匙舀起时观察到的黏稠性及是否会滴落作为标准来判断凝固状态。分成两份后，在其中一份中添加糖粉以调节凝固度，调整到即使用勺子舀起也很难掉落的状态。将它们分别装入裱花袋中。

2 做出动物和星星形状的饼干备用。

3 用较硬的糖霜细致地勾勒出饼干的边缘形状。边缘的膨胀感可以营造出很好的立体效果。

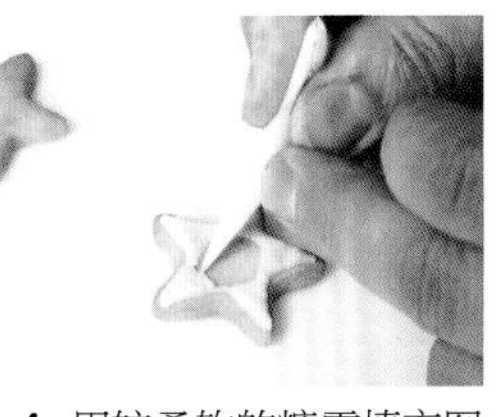

4 用较柔软的糖霜填充图案内部。中心区域用的糖霜越柔软，出现的挤压线就越少，图案表面就会越光滑。

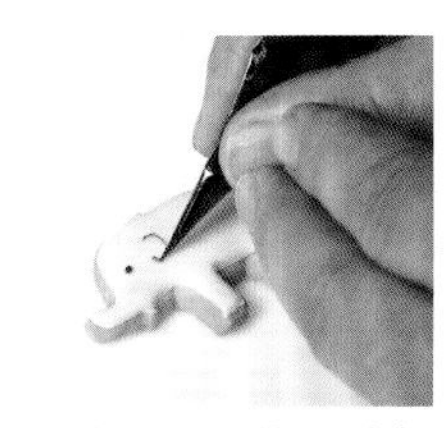

5 眼睛以及其他细致部位，就用装在裱花袋里已化开的巧克力进行描画。

生日祝福板

1 在被擀薄并制作好形状的白巧克力板边缘上，用三种颜色的较硬糖霜挤压出圆点。

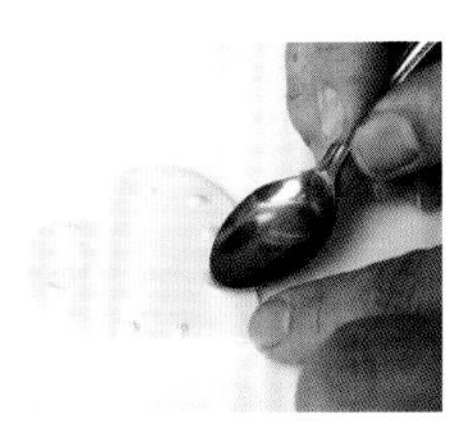

2 用勺子的背面按压住糖霜的半边并拉伸。

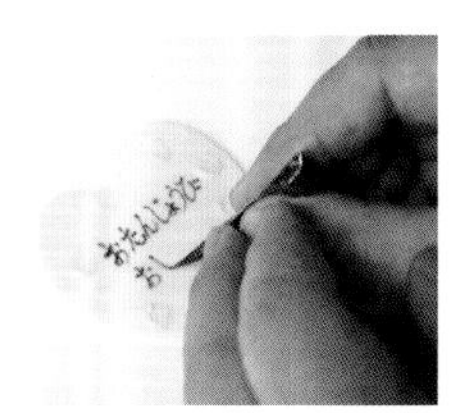

3 用裱花袋装好巧克力液写上祝福语。

巧克力树丛版
“黑森林”圣诞蛋糕

黑森林

纯白色蛋糕中间堆满了无数巧克力“树枝”，正如“黑森林”这个名字所暗示的那样，它的装饰手法以别致的形式让人马上能够联想到白雪皑皑的森林。这是一款大量使用了浸过樱桃利口酒的樱桃、为成年人而设计的圣诞节蛋糕。

虽然整个过程中没有很复杂的操作，但是如果没有很好地控制住调温巧克力的温度和其在大理石操作台上拉伸的厚度，将无法很好地做出巧克力树枝，因此请您仔细地进行每一步操作。

巧克力细棒

1 将经过调温处理后的巧克力调整到30°C，并将大理石操作台的表面调整到大约20°C。如果巧克力较软，很难做出直的树枝形，因此请务必控制好温度的准确度。

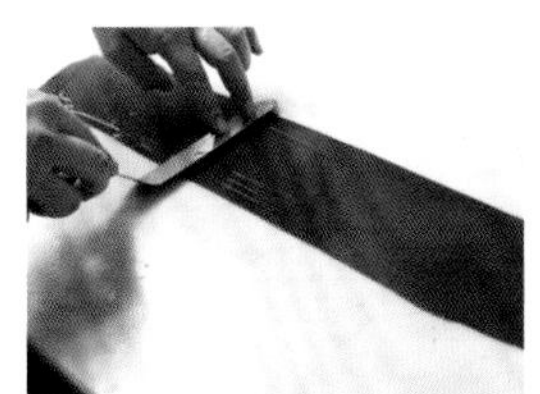

2 将巧克力浆倒在大理石操作台上，刮成15厘米宽的带状。如果将其刮得太薄，巧克力带就不易卷曲起来并且会被刮成碎末，所以尽量将其刮到约2毫米厚即可。

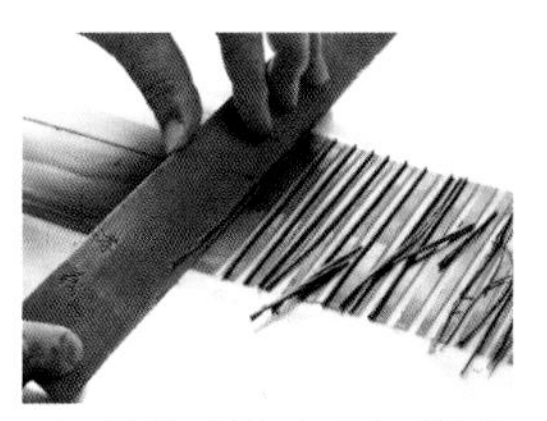

3 待其干燥至不粘手的状态后，用刮刀将其纵向切成3毫米宽的条状。

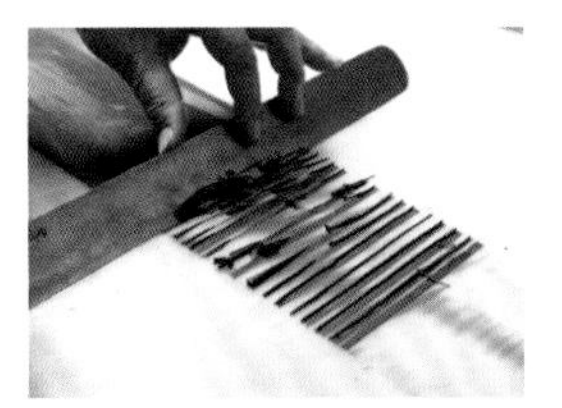

4 如果在完全硬化之前就开始切割，巧克力会粘在刮刀上导致失败，因此请等待其充分干燥硬化。

5 用刮刀从操作台一端一口气将全部巧克力刮下，巧克力会自然地卷曲成细棒。

6 如果刮取后大理石操作台上还残留一点巧克力，则可以用同样的方法，将其纵向切割并刮下，以制成更细的巧克力棒。事先制作出各种不同尺寸的细棒，将会在后期完成蛋糕整体装饰时更加易操作。

7 制作短的细棒时，先在巧克力带中间横切以使长度减半，再按照第三步的方法纵向切割出条状。

蛋糕的完成

1 在用加入了樱桃利口酒、用潘趣酒染色的巧克力比斯基蛋糕坯上，涂抹上厚厚一层甘纳许（巧克力和鲜奶油按2：1比例混合成的混合物），将浸泡在樱桃利口酒中的酸樱桃在上面排成一圈。

2 从上方再次涂抹大量的甘纳许并覆盖住樱桃，用抹刀修整出3厘米厚的抹面。由于其中含有大量鲜奶油因此质地很柔软，如果您能在前一天准备好这些原料并放置一天的话，在后期装饰造型操作上会更容易一些。

3 将蛋糕坯码在上方，并涂上鲜奶油。继续码上蛋糕坯片并将整体造型修平整。

4 用鲜奶油做出整体抹面。

5 将其放在转盘上，在侧面用三角梳刮出水平条纹图案。

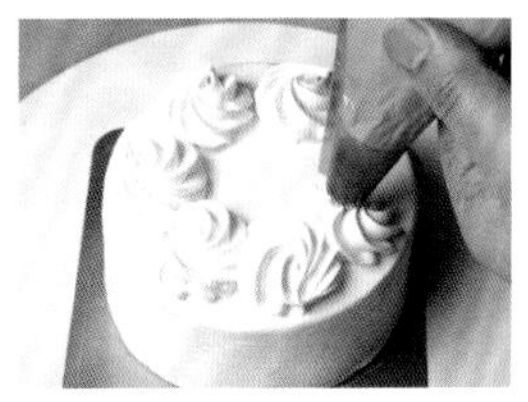

6 用8齿8号星形裱花嘴将鲜奶油在蛋糕顶部边缘挤压出一圈大一些的圆形。

7 在挤出的奶油圈围出的中心处斜插进几根较粗的巧克力棒（整体造型装饰的重点，在保证整体协调的基础上，将不同长度的巧克力棒在不同角度插出随意的效果）。

8 将一些较细的巧克力棒从上方撒落下来。

9 将糖粉筛在巧克力棒上。

10 用格罗特樱桃和金箔完成最后的装饰工作。

5

利用曲线及配色营造出优美的现代洛可可式装饰手法

粉红色的墙壁与枝形吊灯在山名华丽的店内交相辉映，极其亮眼。这种洛可可风格也体现在其制作的甜品上，巧妙的配色很好地融入了利用精致的曲线做出的装饰造型中。

本章我们将为您介绍山名主厨的洋溢着优美经典法国气息的装饰作品。

讲解人

山名范士

Norihito Yamana

营造湿润质感的作品

玫瑰

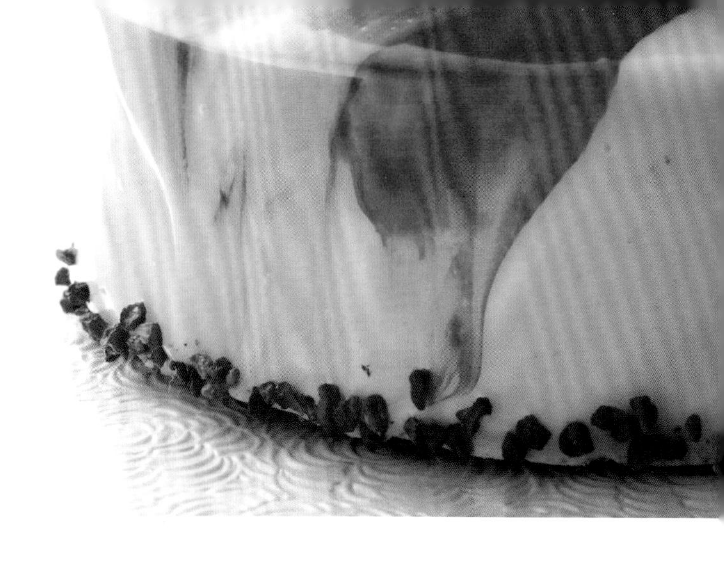

这款作品采用加入了玫瑰精华的白巧克力做出淋面，然后大胆地运用深红色玫瑰来进行装饰。当你靠近它，就会感受到其像真正的玫瑰一般，甜美的气味在空气中飘散。

营造出其表面既美丽又独特且带有模糊感的淋面层，是在白色淋面果胶未完全干燥前，用蘸取了红色淋面果胶的刷子一笔涂刷出来的。

玫瑰是通过在红色巧克力塑形膏上采用与其相同的红色颜料用喷枪叠加喷涂制成的，目的是增加其颜色的深度并使其具有如被雨淋后的湿润质感及光泽感。

巧克力塑形膏玫瑰

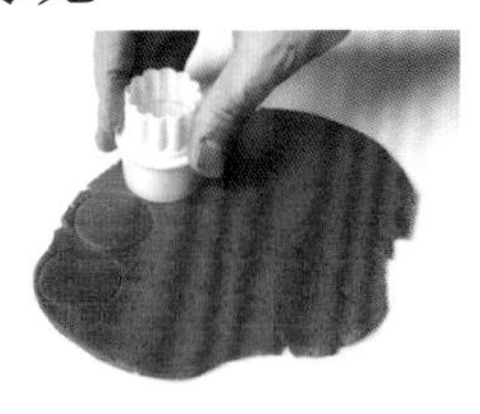

1 用巧克力专用色素将巧克力塑形膏染成红色并揉搓成易于操作的硬度，将其拉伸至3毫米的厚度。用直径为4厘米的圆形模具切出造型。

2 将做出的巧克力圆片放在玻璃纸下方，用手指按压圆片边缘部位。此处注意，如果将整个圆片都按薄，组装后花瓣会向外垂落。

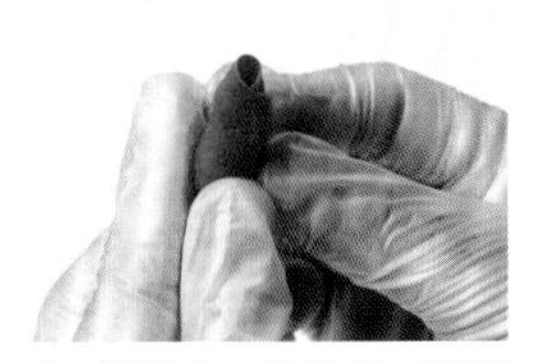

3 将其中一枚卷起，顶部卷成尖做成花芯。将另一端在工作台上轻轻压平。

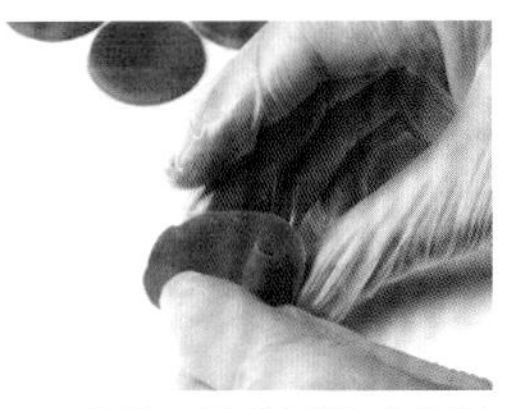

4 将第二枚花瓣从底部轻轻地包裹在花芯上。

5 将第三枚和第四枚花瓣第二枚花瓣和花芯之间，并轻轻包裹住。

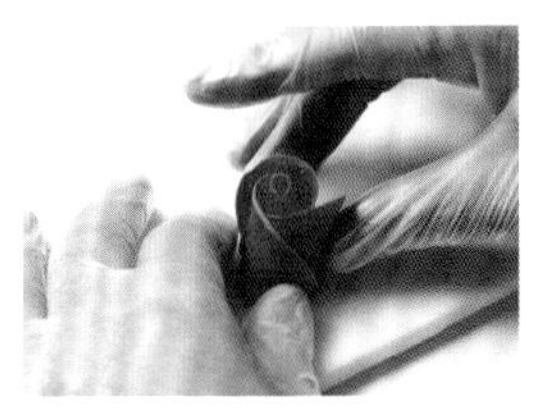

6 在保持整体平衡的同时，将三枚花瓣包裹起来并粘在一起。

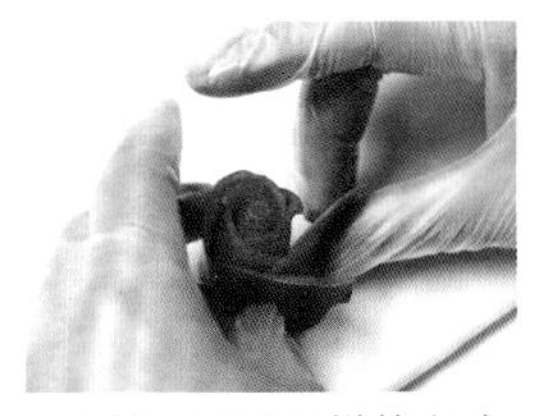

7 第二圈以同样的方式，将下一个花瓣插入前一个花瓣和花芯之间，在做好一圈后视觉上调整至平衡相粘。

8 向外侧打开花瓣边缘以营造出细微的差别感。花瓣逐渐向外张开。

9 以每圈增加2枚花瓣的规律进行黏合，例如1、3、5、7、9。总共使用约25枚。

10 用喷枪在花上直接喷涂红色巧克力色素原液。大量喷涂可以营造出极强的湿润质感。

蛋糕的完成

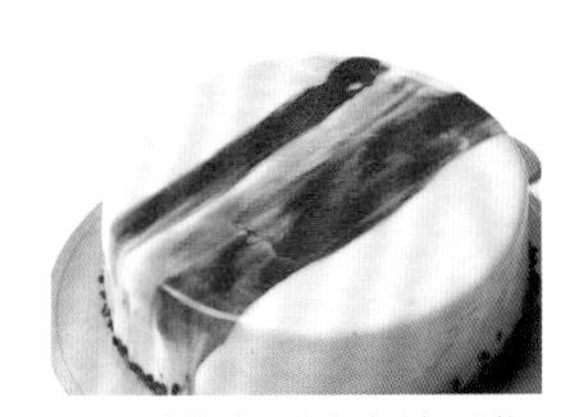

1 融化白巧克力镜面酱，将其倒在已冷冻成形的5号慕斯蛋糕坯上。在另一份同样的淋面酱中加入红色巧克力用色素，用刷子将其涂抹在顶部，用抹刀将整体抹平。

2 在侧面底部撒上覆盆子干，并在稍稍偏离顶部中心的位置装饰上巧克力玫瑰花。

3 用裱花袋将少量镜面果胶点挤在花瓣上以完成最后的装饰。

白巧克力镜面酱

【配料】

白巧克力……400克
镜面果胶……350克
水饴……15克
乳脂含量为38％的
　鲜奶油……200克
吉利丁片……8克

树叶通过装饰而精致

巧克力树叶会根据其被采用后的装饰方式给人营造出风格迥异的印象，这是一种即便在Piece Montee（银座一家甜品店）也经常被采用的装饰配件。山名主厨通过尝试将树叶做成大弧度的流线型，并仅在一片叶上涂抹金粉来实现颜色跳跃的方法营造出了立体感十足的圣诞树干蛋糕。

这款作品中的树叶并不是利用模具制作的，而是将巧克力直接涂在真实的叶子上而制成的。每一枚都有着自己独特的姿态，而且其最大的魅力就在于连纤细的叶脉也能很清晰地呈现出来。叶子的精细感也进一步增强了作品整体的精致程度。

巧克力树叶

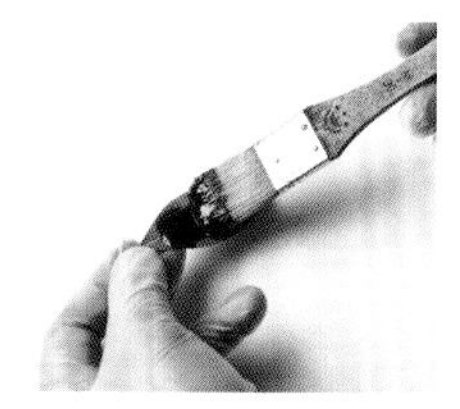

1 将经过调温处理后的巧克力调节至32℃，用刷子将其尽可能薄地涂在叶子内侧。挑选叶片时要选择那些稍硬并且表面足够光滑的叶片。清洁后，使用酒精消毒并干燥后再使用。

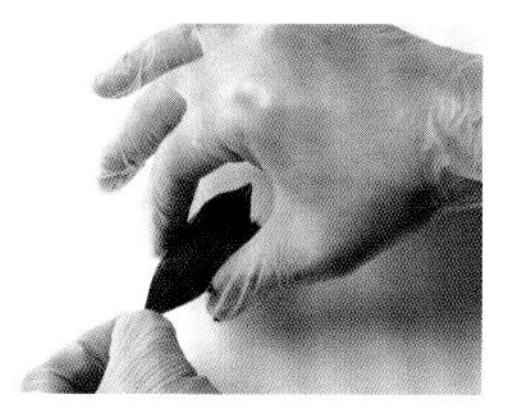

2 用手指沿着叶片边缘轮廓将多余的巧克力擦掉。通过这一步操作，叶子将很容易拿取，并且也不易形成毛刺。

3 再涂刷第二遍，并再次用手指抹擦边缘后待其完全干燥。

4 从叶的根部开始揭，慢慢剥下巧克力。

蛋糕的完成

1 用抹刀将甘纳许涂在事先制成原木形状的巧克力慕斯上。如果您横向移动与蛋糕坯垂直方向的抹刀进行涂抹，就能呈现出看起来像树皮的效果。

2 在要附着叶子的位置上做一个标记，用抹刀在其他地方不断涂抹做出粗糙感以使其具有树皮般的外观。

3 在巧克力树叶内侧挤上少量化开后的巧克力作为黏合剂。注意要只挤在树叶根部位置。

4 在蛋糕基底的下端排列粘4枚巧克力树叶。叶子间可以做成稍稍叠压的效果。

5 用巧克力树叶互相叠压着，一层层不留空隙地粘在蛋糕基底上。注意要只将树叶根部粘在蛋糕基底上，这样才能让树叶在基底上立起来。

6 图示为蛋糕侧面。叶片呈立起状，很有立体感。

7 取1枚叶子，用珍珠粉刷在这枚叶子的表面。

8 将其插入叶片丛的正中央。最后，在整个蛋糕的侧面也贴上树叶就大功告成了。

方形巧克力的立体主义构建

运用方形巧克力毫无空隙地布满整个正方体底座，这是一款带有立体派绘画风格的趣味作品。从底座上伸出透明配件边缘，堆叠并粘贴在一起以形成不平整的凹凸感，并采用红色覆盆子干作为点缀，使这款仅使用了简单的模切巧克力作为配件材料的甜品，造型变得复杂又令人印象深刻。

魔方

方形巧克力板

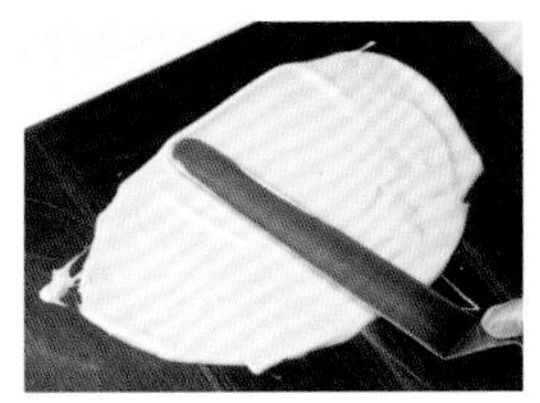

1 将经过调温处理后的巧克力加入加温至29°C的白色色素、牛奶和果仁，置于32°C的加温操作台面上的玻璃纸上，刮至2毫米厚。

2 使用蛋糕用方形切模。固定好模具位置后，在上方撒上干的覆盆子碎、切碎的开心果或可可碎并使其粘贴更牢固。

3 切出各种不同尺寸的方形巧克力板。除了实心的以外，我们还可以尝试做一些例如使用两个大小不同的方形切模套叠做出中间镂空或是表面刷上珍珠粉等，各种各样造型样式的方形巧克力板配件。

蛋糕的完成

1 在做成正方体的甘纳许蛋糕各个表面，随机无间隙地排列、粘贴做好的方形巧克力板。

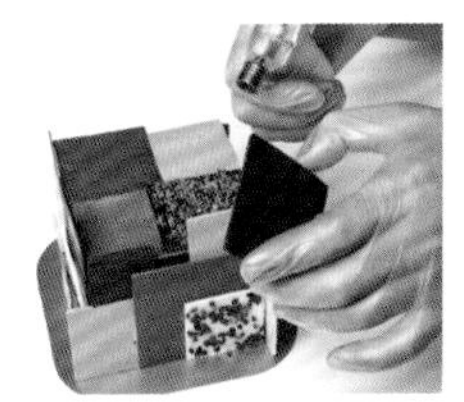

2 在使用两个正方形板相互堆叠时，可以用加热枪将巧克力板背面轻轻化开以使它们粘在一起。

带有空隙感的网眼巧克力造型

这是一款利用巧克力分隔层做出两层覆盆子与甘纳许间隔排列的夹层效果、立体感及豪华感十足的覆盆子口味甜品。这个作品，外观不用多说，就连用巧克力隔板作装饰物的装饰方法都一度受到喜爱并模仿。

上方放置的刷满珍珠粉的网状造型隔片，可以让人通过网眼清晰地看到红色的覆盆子，给人营造出一种空隙感。

网眼巧克力蛋糕

巧克力隔片

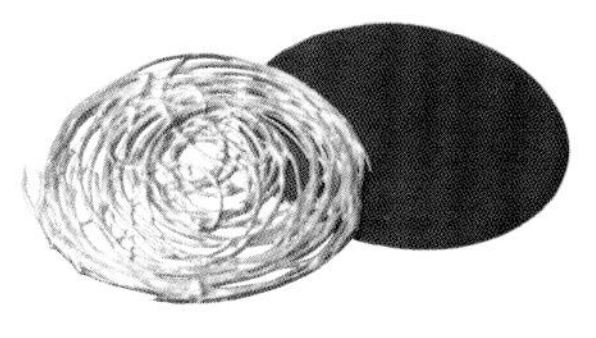

1 将经过调温处理后的巧克力调节至32℃，倒在玻璃纸上，用另一枚玻璃纸压在上面，将巧克力夹在中间，用擀面杖将其擀成2毫米厚。由于玻璃纸具有弹性，因此即使用擀面杖擀压也不用担心起皱，并且可以平滑地擀压。

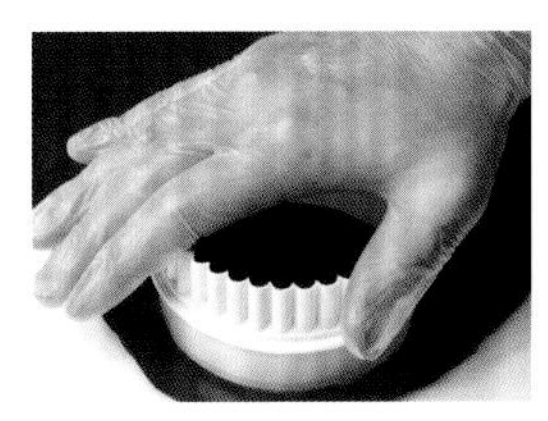

2 从纸的上方，用与松饼大小相同的圆形模具将其切成圆形。采用这种方法，可以做出两面都具有光泽的效果。

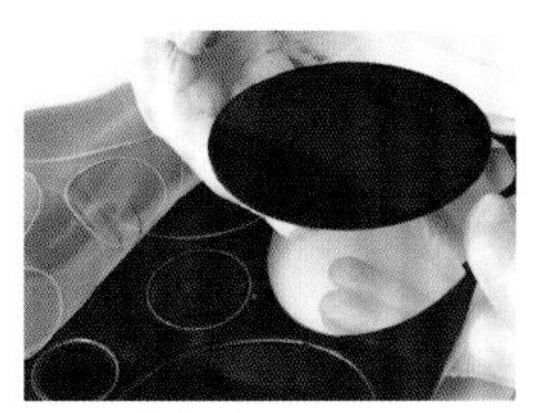

3 待其完全凝固成形后，将其从纸上取下。

4 制作网状隔板。将经过调温处理后的巧克力调节至32℃后装入裱花袋中，在塑料包装纸上将其随机挤压出旋涡状。

5 当干燥到不粘手的程度后，使用与松饼大小相同的圆形模具将其切成圆形。

6 待其完全凝固成形后，将其从纸上取下，用刷子将珍珠粉涂在其表面。

蛋糕的完成

1 将覆盆子果酱涂在松饼底座上，用直径10毫米的圆形裱花嘴将覆盆子口味的甘纳许挤压在边缘处。每两份甘纳许之间留出插入一个覆盆子的空隙。

2 将覆盆子放在两份甘纳许之间。中心部位也用甘纳许和覆盆子交替布满。

3 同样，将覆盆子和甘纳许按照之前一样的方法交替布置在巧克力隔板上。

4 将巧克力隔板放在步骤2做好的造型正上方。

5 在最上方放上网状隔板以完成最后的装饰。

追求经典的糊状食品

这是一种仅使用蛋清和糖粉打发制成的蛋白糊，做成贝壳状或旋涡状等经典洛可可式造型图案，配合糖珠一起用于奶油蛋糕整体装饰的经典手法。制作关键在于要预先将做好的花纹造型放置成形，而使其能够更紧密地贴附在蛋糕的侧面上。

蛋白糊

1 将蛋清和糖粉充分混合，打发至类似于蛋白霜一样的膨松状态以制成蛋白糊。装入套有直径为10毫米圆形裱花嘴的裱花袋中。

2 将塑料包装纸放在画有与蛋糕相同大小的圆圈的纸上，根据圆圈的大小将蛋白糊挤成洛可可图案。挤压时，将一端做的圆润、厚实一些能够更好地营造出立体感。

3 用同样的方法将侧面的图案挤压在条形塑料包装纸上，然后将其用胶带贴在与蛋糕大小相同的圆环状模具上固定住。

4 在室温下完全干燥成形后，在所有图案上方筛上糖粉。

蛋糕的完成

1 在已经用奶油抹面完成的蛋糕表面边缘装饰上蛋白糊制成的花纹造型。

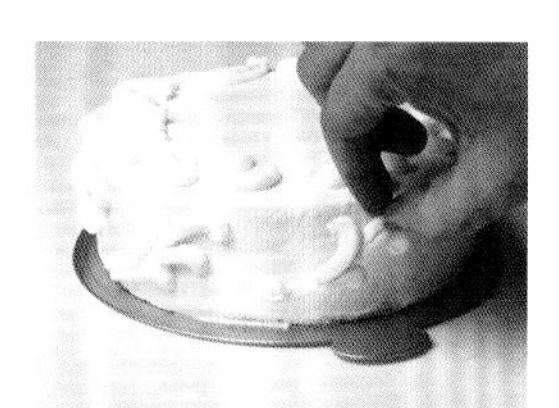

2 在粘贴侧面图案时，一样要使其背面完全紧密贴合在蛋糕上。

3 在蛋糕表面整体装饰上用蛋白糊制成的花纹造型，并撒上直径为5毫米的珠子，完成最后的装饰工作。

蛋白糊

【配料】

蛋清……20克

砂糖……100克

雪白世界

可以自由改变型号的气球圆顶

利用巧克力做成的圆顶造型还预留出孔洞可以让人从其中观察到内部填充的五颜六色的水果。这是一种充分利用了水果鲜艳色彩的造型装饰手法。圆顶的制作过程中使用气球代替了模具，由此可以根据调整气球的充气程度而制作出各种大小的外壳使其更加契合内部使用的松饼尺寸。在圆顶的上表面，用相同颜色的巧克力挤压出细致的多层重叠曲线造型图案，可以进一步突出本款圆顶造型作品的柔和感。

雪白屋顶

巧克力圆顶

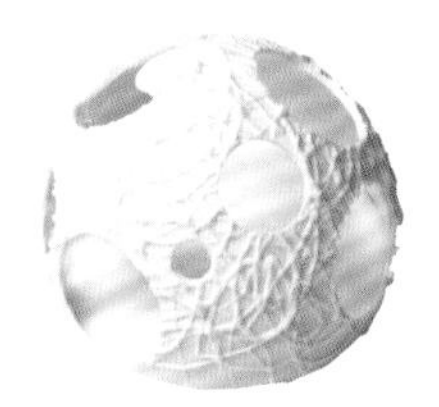

1 给气球充气至比要放入其中的松饼尺寸稍大一圈的程度，系紧气球口。这里将会使用到直径为 12 厘米的环形模具。通过看能否将气球从中穿过就能更方便地判断出气球的尺寸。

2 将经过调温处理后的白巧克力调节至 29℃，将气球的一半浸入其中。取出气球并甩掉多余的巧克力浆。

3 将其放在玻璃杯上静置待其完全干燥，直至不粘手的状态。

4 将经过调温处理后的巧克力调节至 29℃ 后装入裱花袋，并在步骤 3 做成的圆壳上轻轻挤压描画。可以随意挤压出一些诸如旋涡和小圆圈之类的曲线图案。

5 将其放在玻璃杯上后放入冰箱冷藏层，待其完全冷却硬化成形。

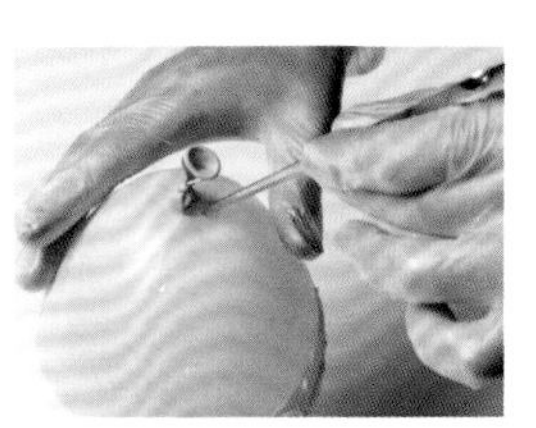

6 将胶带粘在气球上后，用针在胶带上扎孔使空气漏出。如果不使用粘贴胶带这种方法，气球会一下子爆裂导致巧克力圆壳破裂。

7 通过粘贴胶带这种辅助手段，空气会一点一点地慢慢逸出。

8 气球完全从巧克力上脱离下来后，将其取出。

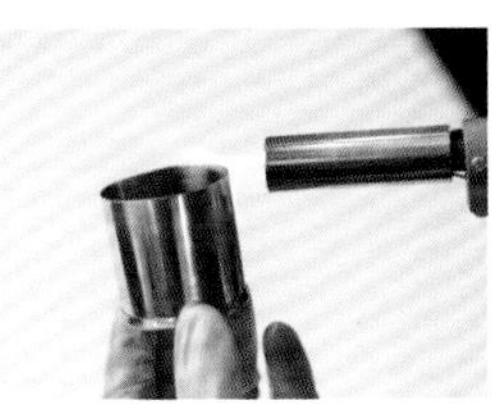

9 用喷火枪加热直径为 4.5 厘米的环形模具边缘。

10 将圆环轻轻按压在巧克力圆顶上，切出几个孔洞。在更换直径大小不一的圆环制作孔洞时也是按个人喜好随意操作的。

蛋糕的完成

1 将已经用红色或粉色的巧克力专用色素染色后的巧克力塑形膏拉伸至2毫米左右的厚度，然后用制糖工艺专用非洲菊模具在上面切出花朵造型。

2 化开用黄色颜料染色后的白色巧克力，装进裱花袋中，挤压到花朵的中心做成花芯。

3 用各种水果装饰好松饼底。如果您将水果切开后修成圆形再摆放，则会大大加强其与巧克力圆顶造型的统一感。在覆盆子和黑莓上撒上糖粉。

4 盖上巧克力圆顶，然后将巧克力塑形膏花粘在圆顶上方以完成最后的装饰。

6

在既定规则下
量身定制装饰手法

您一直在以何种方法来展示已学的技能？

在定制蛋糕的制作过程中，需要的不仅是技术，更重要的还在于创作者的想象力和个人想法展现水平。

在神田主厨手中制作出的定制甜品，是能够完美地将各个角度捕捉到的“美感”融入作品当中，具备着可以使每个人都获得惊喜感受、极具创意感的作品。

这是一个以“从概念中解放”为主题的装饰手法新尝试。

神田广达

带着你的香槟去求婚

这是一个大胆地将香槟酒瓶放置于甜品正中央来展现主题的造型风格。

在香槟品牌上，是完全按照匹配甜品口味以及所订餐厅餐食为标准而进行选择的。

这种意想不到的搭配方法获得了客户的广泛好评，并且热度还有不断上升的趋势。

利用香槟或红酒而更能烘托求婚仪式氛围的特点，也正是主厨青睐它的理由所在。

条纹巧克力板

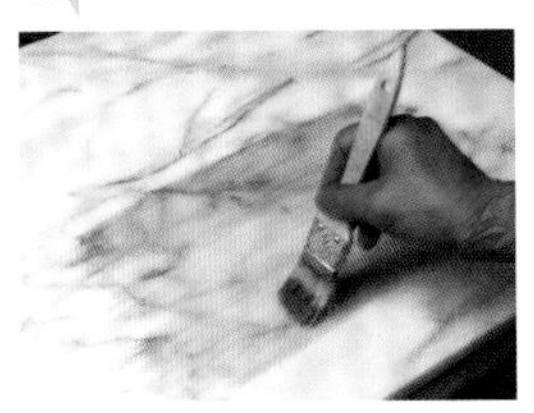

1 将巧克力专用色素颜料添加到可可脂中，然后用刷子刷在塑料包装纸上。

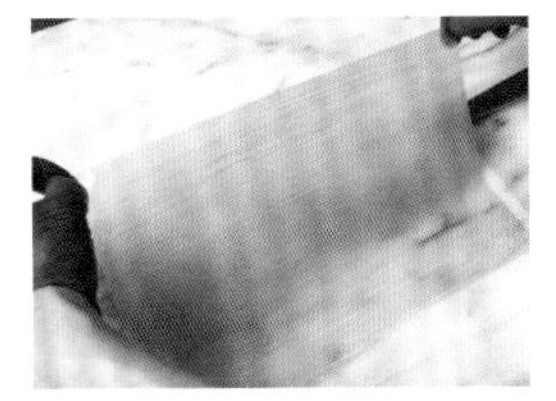

2 从桌子上取下塑料包装纸，将其放在别处以防止出现毛刺，待其完全干燥。

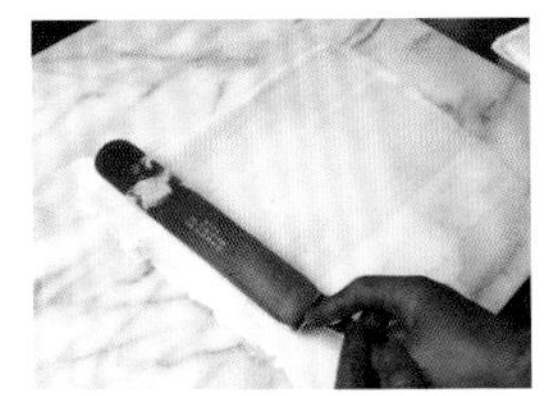

3 将经过调温处理后的白巧克力调节至30°C，用抹刀将其刮薄。

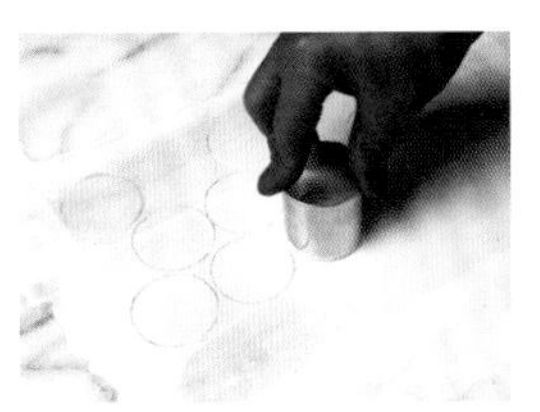

4 当其凝固到不粘手的程度后，用直径4.5厘米的环形切模在上面切出造型。

蛋糕的完成

1 将蛋糕坯切成6厘米宽的条状，涂上奶油。将其包裹在比香槟酒瓶大一号的芯上，卷成环形，用喷火枪将侧面烤成焦色。

2 用14号圣安娜裱花嘴在蛋糕整个上表面将加入橙皮的鲜奶油挤出呈放射状。

3 在上方随意位置放置条纹巧克力板。

4 将横切成薄片的草莓撒在蛋糕表面。

5 将展开的覆盆子横切面朝上放置在蛋糕上，然后将覆盆子果酱装入裱花袋，挤出花朵造型进行装饰。

6 用糖粉撒在覆盆子及茶藨果上进行装饰，并在草莓的横切面上挤压少量的镜面果胶，使其具有光泽。

7 用擀面杖将面包干压碎。

8 用碎面包干填充在中心的孔中，调整高度，在上面放上香槟瓶。

* 用碎面包干填充中心孔。目的不仅在于调整瓶子的高度，还可以很好地提高蛋糕的质感并增加香气。

童心满溢的俏皮时钟蛋糕

不规则排列的数字，不知道要指向哪里的旋转指针……，这个神秘的数字时钟将让您忘记了时间从而从时间的约束中被解放出来。这就是这款作品的创作灵感所在。

巧克力数字被分为三次用喷枪喷涂上了不同的颜色，以创造出精致的层次感，甚至将鲜艳的色彩都制作得极显优雅。

一眼看去貌似排列不规则的数字其实除藏着一定的摆放规律，稍后我们将为您揭开这个谜题。

疯狂

巧克力数字

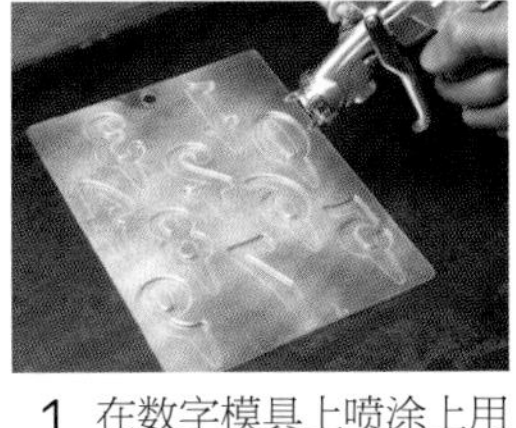

1 在数字模具上喷涂上用珍珠粉制成的巧克力用色素颜料。这一步中使用的是银色珠光。要轻轻喷涂出浓淡不一的阴影效果。

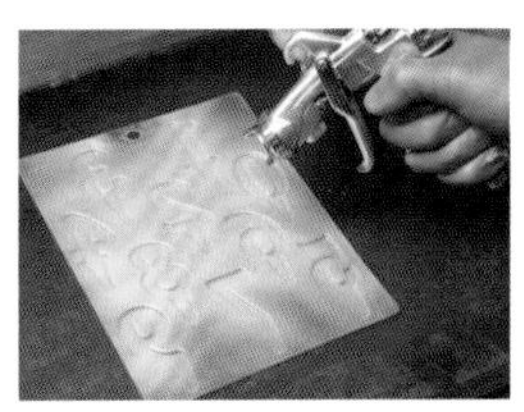

2 第一步喷涂的颜料干燥后，继续喷涂黄色颜料。第二种颜色将是主要色调，因此要将整体均匀地轻薄喷涂彻底。

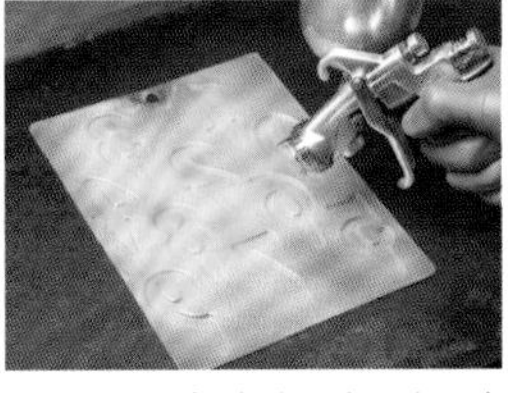

3 第二步喷涂干燥后，喷涂另一种颜料。这里我们使用的是橙色颜料。在局部喷涂以增加层次感。

4 将经过调温处理后的白巧克力调节至约 30°C，将其装入裱花袋，挤入模具中。

5 当其完全冷却硬化后，将其从模具中取出。

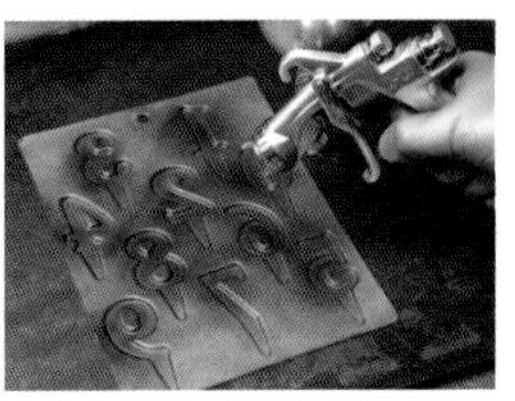

6 制作几种颜色。颜色的搭配组合如下。

* 粉红珠光 -> 橙色 -> 红色
* 银色珠光 -> 黄色 -> 橙色
* 金色珠光 -> 绿色 -> 黄色
* 紫色珠光 -> 蓝色 -> 红色
* 蓝色珠光 -> 蓝色 -> 黄色
* 橙色珠光 -> 橙色 -> 红色

指针（巧克力曲片）

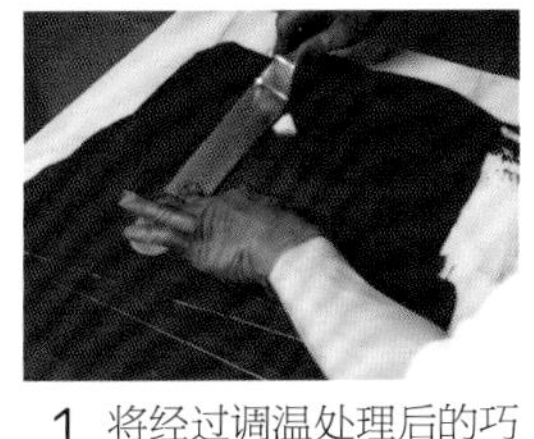

1 将经过调温处理后的巧克力调节至 30°C，倒在附着在大理石操作台上的塑料包装纸上，将其刮出 1 毫米厚。

2 刮出相应厚度后立即使用小刀在上面随意绘制斜线。分别从两侧绘制出交叉的线条。

3 当干燥到不粘手的程度后，将塑料包装纸卷成直径为 8 ~ 10 厘米的圆筒。

4 用胶带粘贴固定住塑料包装纸的边缘，待其完全冷却硬化成形。

5 轻轻抽出塑料包装纸。

蛋糕的完成

1 取一张与蛋糕大小相同的台纸，将巧克力数字排列在纸上，调整好颜色排列顺序，固定出装饰物的位置。

2 在巧克力慕斯上插上巧克力数字。不要太笔直地插入，而是要稍稍向外倾斜一些，这样从上方看下来时，就会很清晰地看到这些漂亮的数字。如果您按对角线逐一插放，排列的间隔将会更加均匀。

3 将所有巧克力数字插放好后，稍稍调整他们的朝向以及整体平衡。

4 在巧克力数字的根部上撒上椰子粉。

5 以旋转的方式将三个卷片指针自然叠放。

6 在蛋糕的正中央挤上鲜奶油。

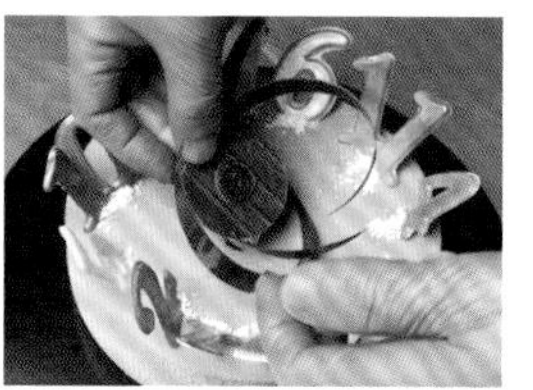

7 将条纹板（请参阅第104页）以稍微倾斜的角度放在奶油上以完成最后的装饰工作。

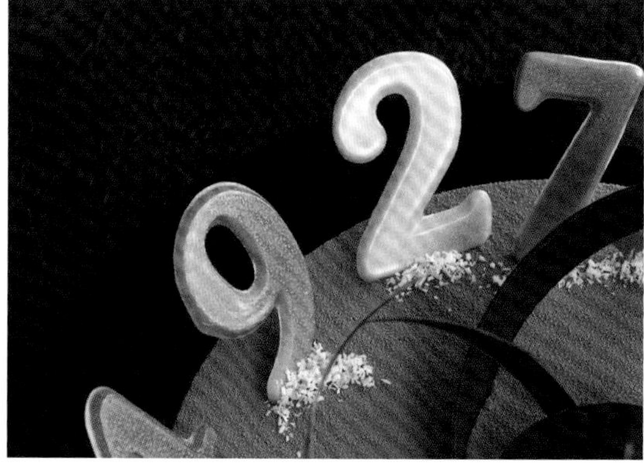

天生的曲线美

没错，这就是一个看似很容易制作的环形蛋糕。即使您对年轮蛋糕和奶油圆蛋糕相当熟悉，但造型如此简单的蛋糕还是会吸引您的目光，并富有十足的新鲜感。因它很方便被切割，也可以很容易地被装入普通的蛋糕盒中，所以这是一种在日常生活中很实用的造型，并且很容易在它的基础上增添其他创意。

蛋糕顶部的三种巧克力装饰中，那一条令人印象深刻的柔软丝带装饰其实是由制作巧克力装饰物时去掉的边角制作而成的。神田大厨经常会发掘出偶然做成的零件中隐藏的自然之美，将这些零件精心保存并整合到整体装饰当中。

缘

褶皱花边

事先准备
将巧克力、操作铁板和刮刀分别调节至36°C。操作重点在于要使所有操作用具保持相同的温度。如果温度有差异，会导致巧克力很难变软，并且在最后刮取时会破碎。

1 将巧克力倒在铁板上，用刮刀将其尽可能地刮薄。

2 当凝固到不粘手的程度后，请用铲子沿边缘刮擦使其形状规整。

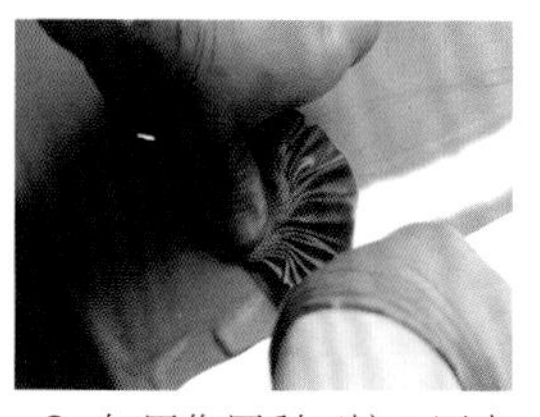

3 如果您用刮刀按2厘米的宽度刮取的话，会自然形成褶皱花边。

4 快速合上两端使其成为扇形。

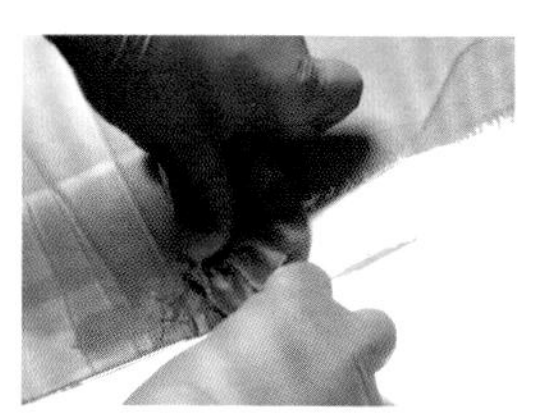

5 如果巧克力过度凝固或者铁板的温度太低，在刮取时巧克力就会碎裂。

6 褶皱上有一些孔洞也无妨，在一开始如果将其刮擦得尽可能薄，做出的装饰配件就会更加精致。

7 修整边缘时切割下来的边角，可以放置在一边让其自然成形，在后期整体装饰上也可以灵活运用使其作为很好的装饰配件。

条纹片

1 将调温巧克力调节至30°C，倒在塑料包装纸上。

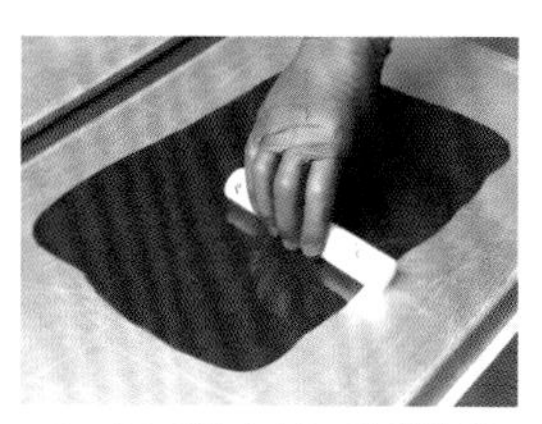

2 上面盖上另一张塑料包装纸夹住，用擀面杖尽量将其擀薄。

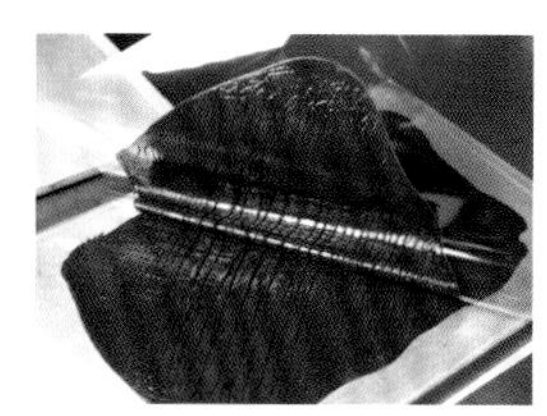

3 干燥半分钟左右后拿起边缘，将其来回翻转几次，使其表面形成自然的波浪形纹路。

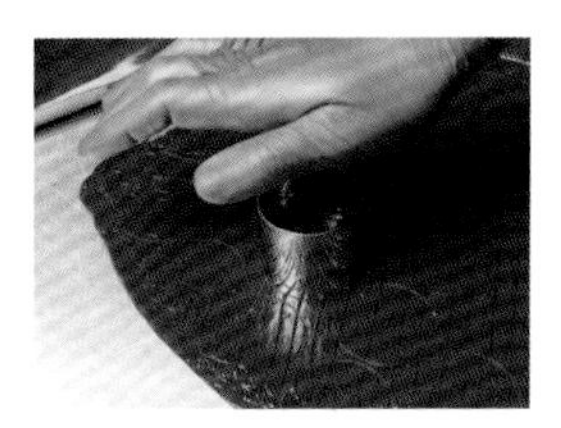

4 出现纹路后，将两张塑料包装纸剥下来，并用直径为5.5厘米的环形模具切出圆圈。在揭开上下两张塑料包装纸的操作过程中，可以制作出更薄、更细致的花纹。

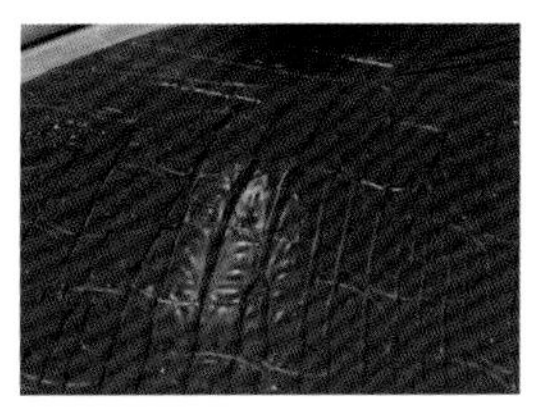

5 用塑料包装纸盖住后翻转过来，在上面放上板子后放入冷藏层冷却成形。

6 完全固化成形后，揭下塑料包装纸。

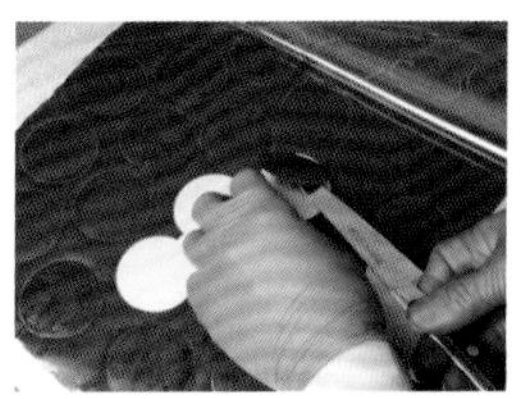

7 用小刀轻轻取下印出的圆圈。

蛋糕的完成

1 将事先做好已冷冻成形的环形巧克力慕斯从模具中取出，将巧克力淋面酱绕圈淋在蛋糕上以进行包覆。

2 将糖粉撒在做好的褶皱花边上。

3 把褶皱花边固定在蛋糕上，并插入两个条纹片进行装饰。

4 将烤好的杏仁、长棍面包和山核桃弄碎后装饰在蛋糕表面。果仁等断裂的自然切割面也能起到一种很好的装饰效果。

5 从制作褶皱花边时刮下的碎边角中，选择形状良好的撒上糖粉作为装饰。

激发糖果装饰的光彩以外的魅力

“易受潮”是大家对糖果工艺品的广泛评价，所以通常被认为是很难运用在蛋糕等甜品上的装饰材料。但是，如果将目光转向糖果工艺品所具有的光泽度及透明感这些“易受潮气影响的特性”以外的特点的话，则会发现其有很大的可利用空间。

神田主厨用颜料在翻糖而成的盘子上绘出水彩作品般的花纹，并利用喷火枪的烘烤，做出了任由糖果自然膨胀而成形的大型吹糖工艺作品。在其旁边，还摆放了一个由糖果碎片组合而成的糖果棒，整个作品呈现出一种现代艺术画风形态。

色彩的搭配、圆润与锐利的对比等，这些都是只能通过糖果才能表现出来的美丽。即使随着时间的流逝光泽会有所暗淡，这份魅力也不会随之消散。

我们希望，不论对待什么事物，您都不会因为其存在的缺陷而放弃它，要学会从不同的角度发现其与众不同的魅力。

正是抱着这样的期望，我们创作出了这款作品。

火焰

糖果造型

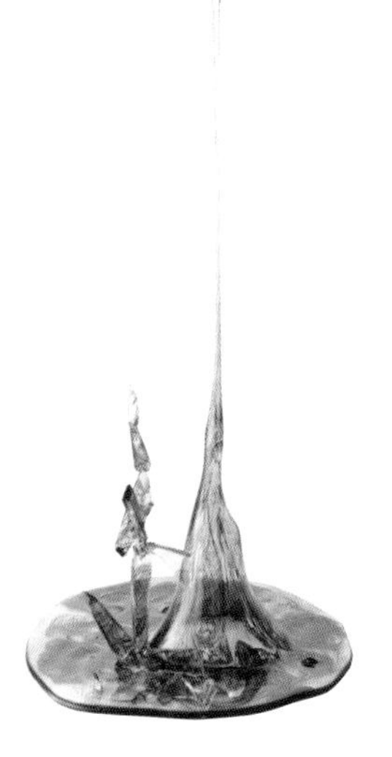

1 使用100%的砂糖在170°C下煮沸。冷却至130°C后，将其倒在直径约15厘米的耐热垫上。耐热垫下面要铺好烘焙纸，以防止耐热垫粘在大理石操作台面上。

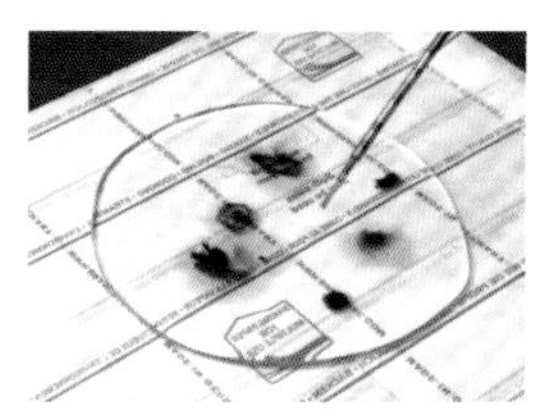

2 用滴管在上面滴几滴事先溶解在酒精中的食用色素。

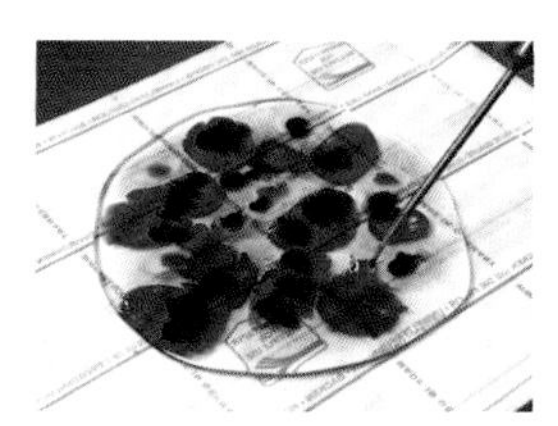

3 用滴管将蓝色、红色、黄色和绿色等颜料叠加着滴在整个糖盘表面，让它们逐渐分层。

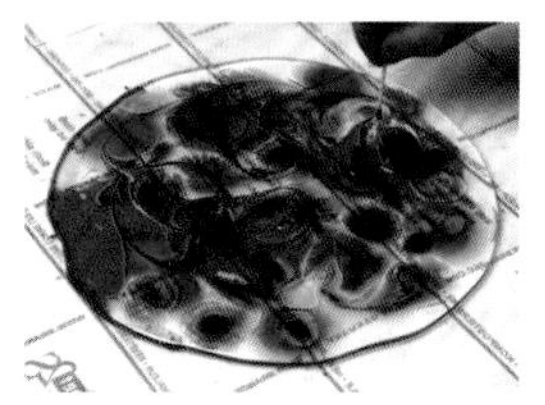

4 在糖果彻底凝固变硬之前，用竹签搅拌所有颜色做出大理石般的花纹。

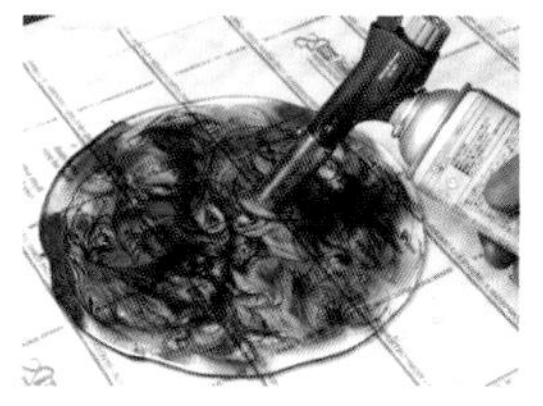

5 如果出现气泡，就用喷火枪将其消除并冷却。之后以同种方法再做一个类似的糖盘。

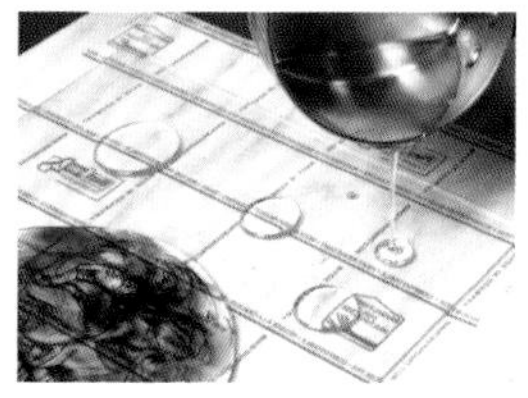

6 制作一些直径为3～7厘米的糖果片。不需要上色。

7 当糖盘冷却凝固到不再改变形状的程度后，从垫子上将其取下，放在放置架上。任何有一定高度且中心是空的架子都可以。

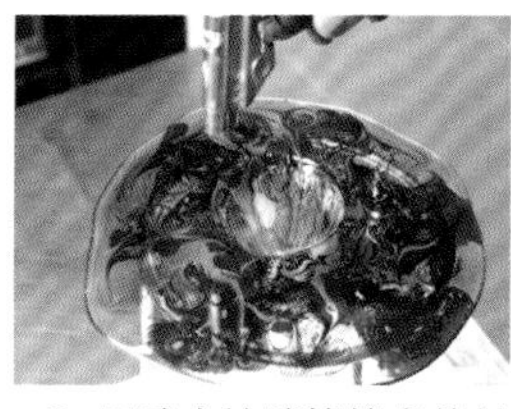

8 用喷火枪喷烤糖盘使其融化。

9 由于重力作用，糖盘融化的部分会自然下垂。

10 继续用喷火枪从下方喷烤，并在延展时随时修整好整体形状。当其延展至合适长度后，用手将其提起，确保其不要触碰到放置架边缘，提着一直等到其形状不再变化。

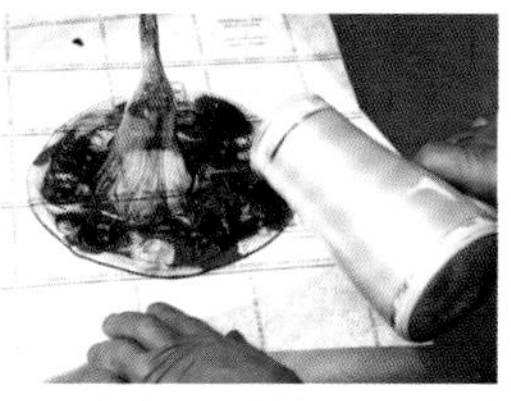

11 冷却之后将其翻转过来，并用吹风机的冷风边吹边微调形状。

12 另一块做好的大理石板从上空摔落，使其碎成合适尺寸的碎片。另外在第六步中制成的透明糖片也需要做成碎片。

13 选择一个较平整、质地均匀的糖片，蘸上少量糖液。

14 将其粘贴在糖果盘做出的造型旁边，在上面堆叠其他的碎片。

15 将这些糖果碎片以不同角度及方向随机摆放堆叠好。

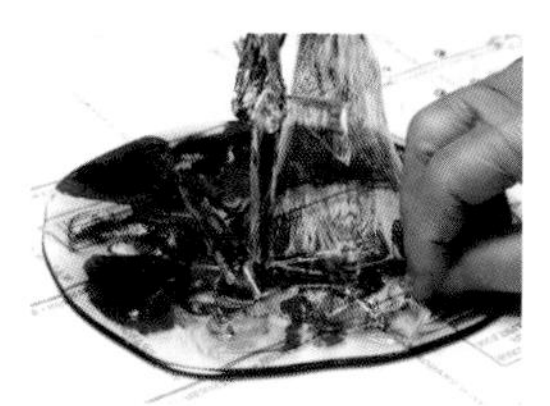

16 最后在糖果盘平整的区域撒上透明的碎糖块。

蛋糕的完成

1 用喷枪装好溶于可可脂的白色巧克力色素颜料，将整个六号蛋糕均匀喷涂。再从蛋糕上方表面轻轻喷涂一些棕色颜料以形成渐变效果。

2 将蛋糕放置在台纸稍稍偏离中心的位置，然后将草莓、覆盆子、茶藨果、蓝莓、黑莓和开心果摆放在蛋糕底部边缘。

3 用裱花袋在水果横切面上涂抹一些镜面果胶，使其具有光泽感。

4 将糖盘造型放置在稍微偏离蛋糕中心的位置。

5 在造型和蛋糕上摆放一些浆果类水果，再把切成三角形的猕猴桃装饰在适当位置。

6 最后再用裱花袋装些镜面果胶，挤在蛋糕表面留出的部分上以完成最后的装饰。

感受杏仁形带来的怀旧美感

杏仁饼是一种常用的蛋糕装饰材料，受到近年来广受推崇的华丽的糖果和巧克力作品风潮的影响，最近挑战这种款式作品的年轻糕点师的数量正在不断减少。但是神田主厨认为，像制作杏仁饼这种极需要进行细致操作的手艺，是能够自然而然地培养出制作者的手感和敏感度的，掌握了这一点后再尝试其他作品的创作时也是能充分展露装饰技艺的，所以这绝对是值得学习的一项技能。

不同的制作手法，不仅可以将无论是棱角分明还是圆润逼真的造型都一一实现，更重要的魅力还在于能够传达出那种让人感到温暖的美感。本章我们就将遵循着传统的揉搓手法，完成这款充满了怀旧气息的作品。

制作杏仁饼造型的准备工作

1 在杏仁饼中加入糖粉调节软硬度，使其达到更容易进行后续加工的状态。有时也可使用玉米淀粉，但是时间一长就会变硬不易加工。之后视制作部位再适当地添加杏仁饼或糖粉。

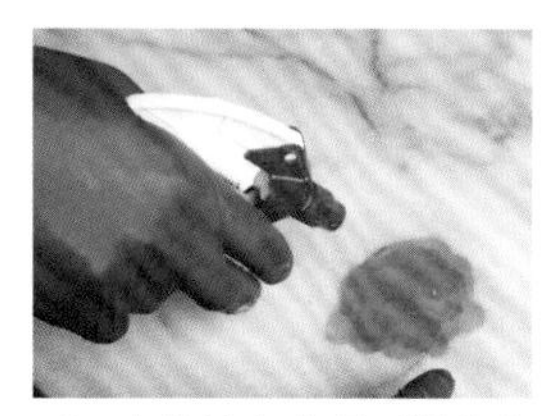

2 在涂抹在大理石操作台上的食用色素上喷洒少量酒精。不要用水，并要尽量减少酒精的使用量，因为一旦加入水后整体的硬度就会发生变化。

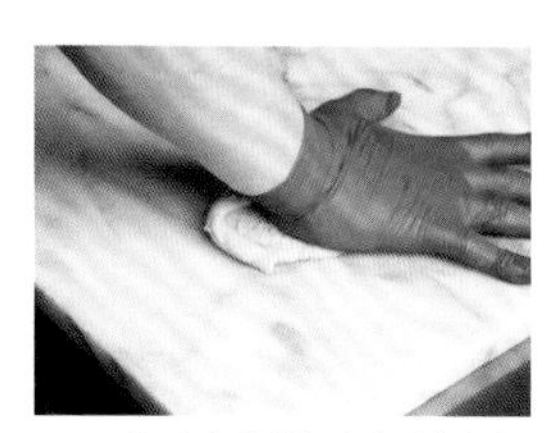

3 将杏仁饼按在颜料上揉捏。揉捏时，尽量将全身重心压在面饼上，这样做可以更有效地延展拉伸它。注意避免揉得过于细致，否则杏仁饼中的油分会渗出。

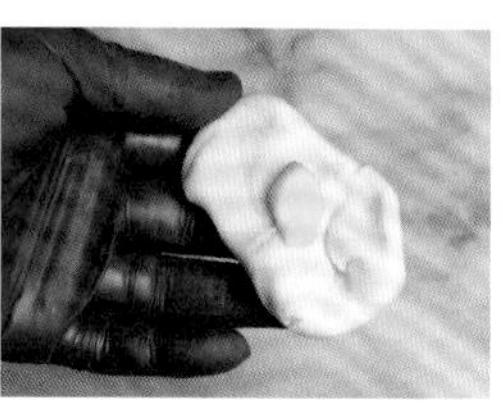

4 将完成上色的杏仁饼和未上色的杏仁饼再揉在一起，微调出想要的颜色。

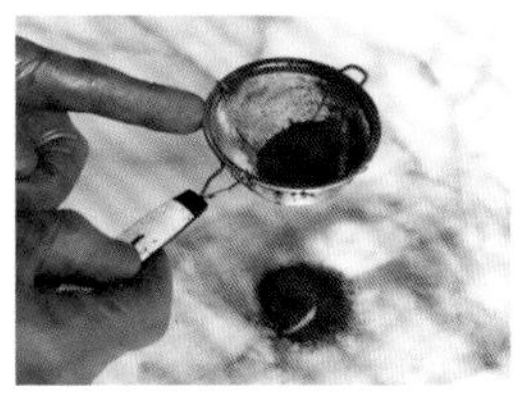

5 棕色是通过添加可可粉制成的。加入可可粉会比糖粉更容易硬化并且难以操作，因此要将使用量尽量降至最低。

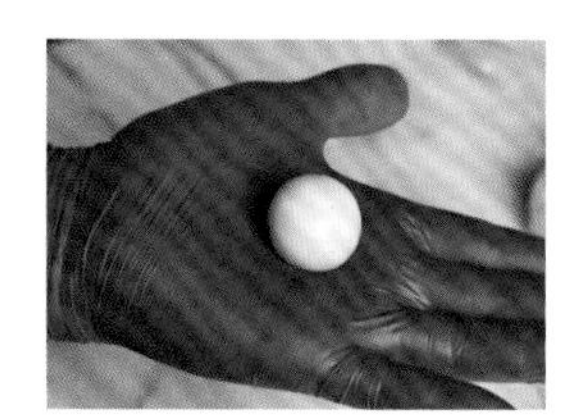

6 在制作造型前的关键是将面团滚动至表面变得光滑和有光泽，这样可以有效避免后期细致操作过程中面团碎裂。

7 预先制作出所有所需颜色的面团。从最浅的颜色开始按顺序排列，可以有效地避免颜色意外混合。通过分别混合红色、蓝色、绿色、黄色和可可粉这5种颜色来制成所有颜色。黑色可以通过混合所有颜色来制成。

天使造型

衣服

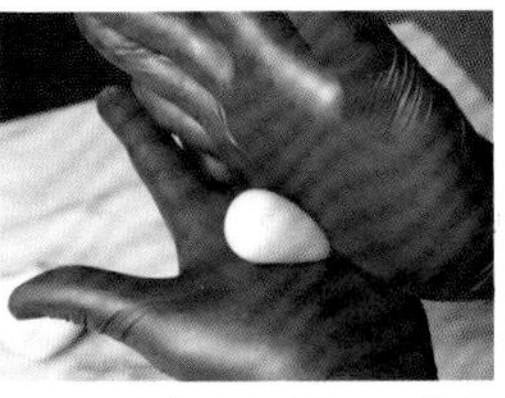

1 将白色杏仁饼面团夹在小指侧的手掌间揉搓，并将一端揉尖。

2 做一个高5厘米，底部直径约2.5厘米的圆锥体，这个作为身体的躯干部位。

3 用擀面杖将另一块揉圆的白色杏仁饼面团擀至约3毫米厚。

4 用塑料包装纸将其夹在中间擀得更薄一些，还能让面皮产生光泽度。擀至足够薄但又不会破的程度。

5 剥开塑料包装纸，在上面用直径为9厘米的圆环切模切出圆形。

6 用刀在一端切下一个三角形。

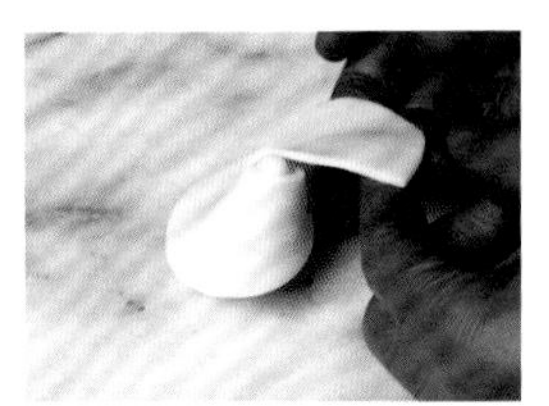

7 将其环绕在第二步制成的圆锥体外侧，只留出圆锥体顶部的一小部分，包裹时将面片边缘重叠。

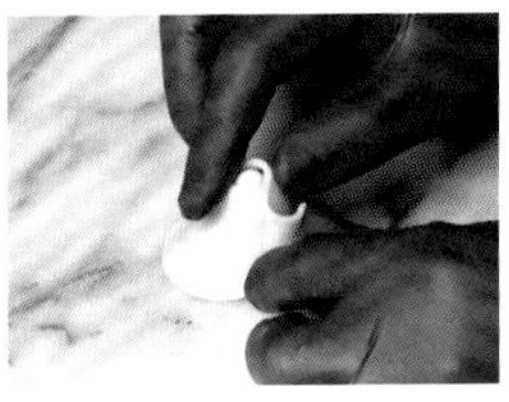

8 将面片重叠的部分向外再卷出一个边。

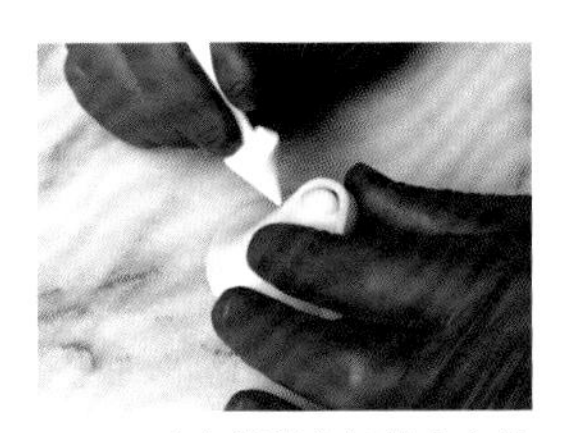

9 用杏仁饼操作棒的尖在做好的造型背上扎两个小孔。

10 背面观察图。这是后期要插入翅膀的孔。

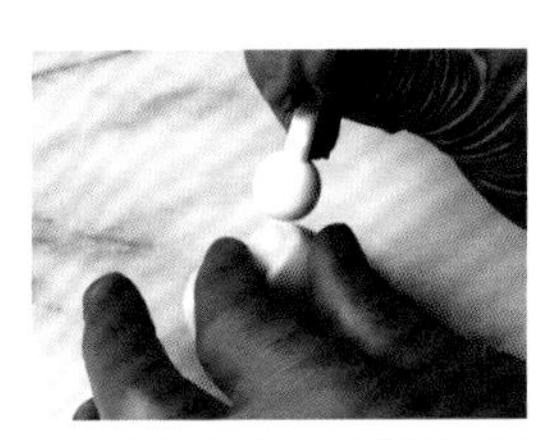

11 握住造型上部并用一根操作棒将顶端压平。

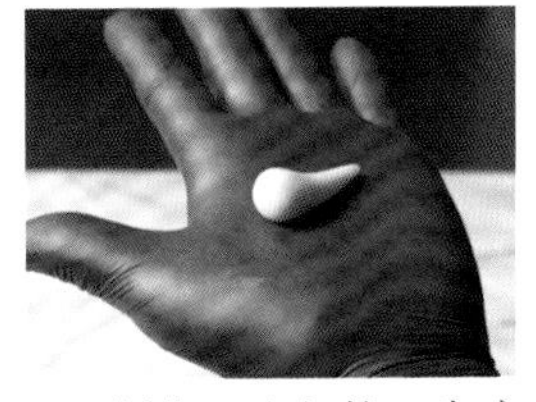

12 制作一个与第二步成品相比稍小的细长圆锥体。

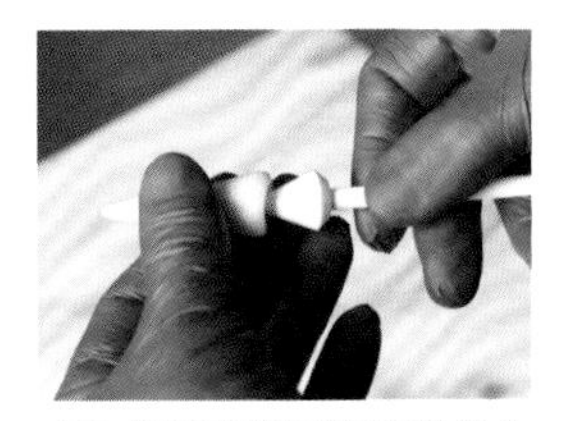

13 将操作棒圆锥形带尖儿的一端插入圆锥体面团底部，开一个洞。用同样方法再制作一个这样的造型配件。

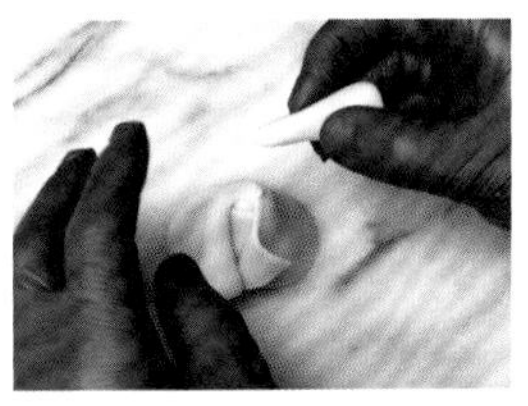

14 在尖的那端沾一点水，粘在第十步成品的顶部。

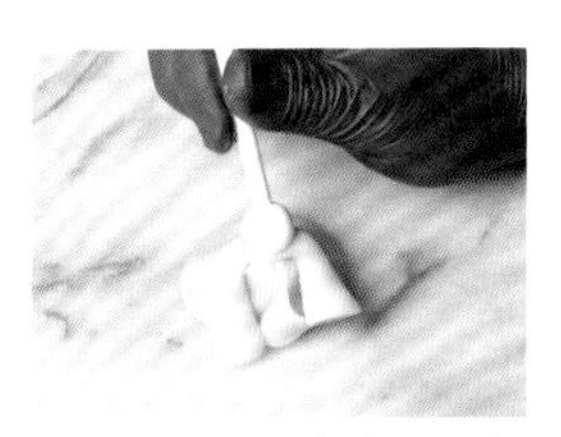

15 每次粘贴时，都要用操作棒压住接合面。通过调整左右衣袖的高低来做出造型。

围脖

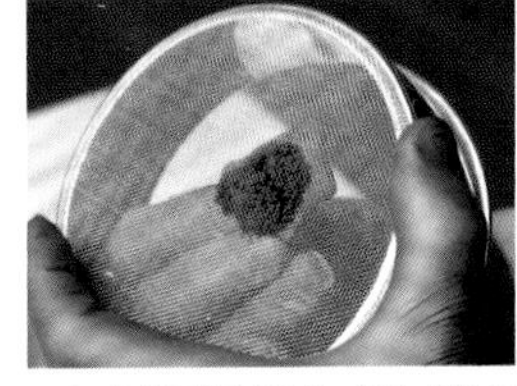

1 揉圆深绿色杏仁饼面团，将其在滤网上按压。

2 用刀从滤网上刮取下来。

3 放在衣服顶端，用操作棒压住并粘好。因为接下来要在上面安装头部，所以稍稍压出一个槽会更便于后续操作。

脸

1 揉圆肤色的杏仁饼面团，并调整好与躯干的大小平衡。

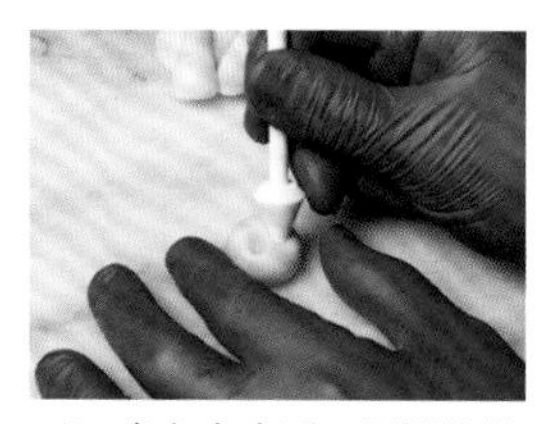

2 确定大小后，用操作棒的尖端压出椭圆形的眼窝。压深一些会更好。

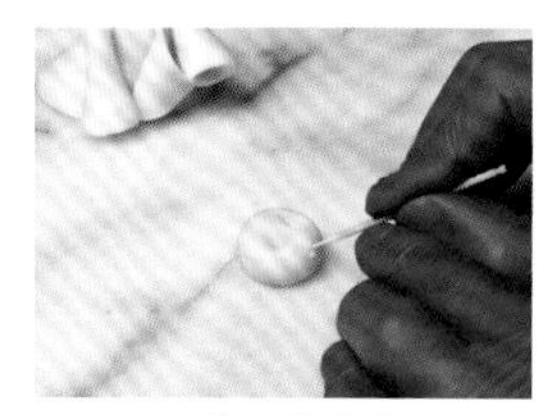

3 用牙签画出小嘴。

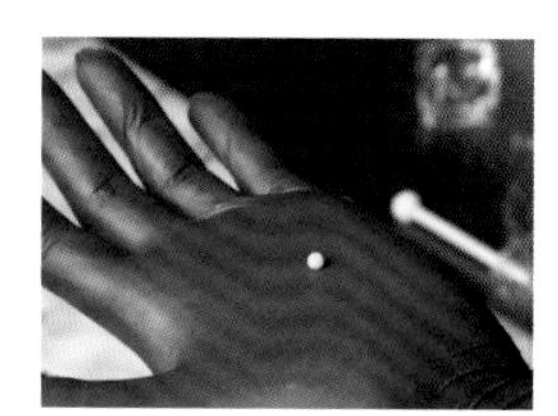

4 制作两个直径约 3 毫米的小球。

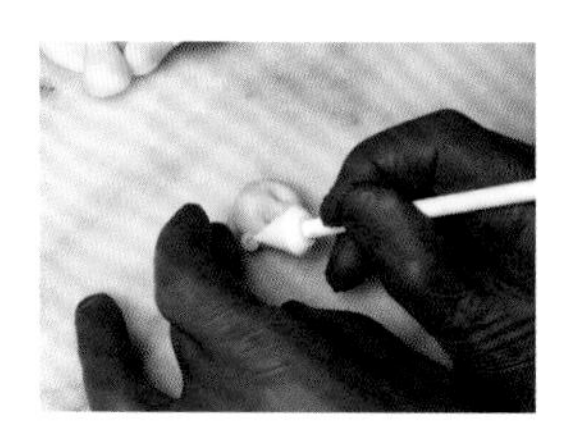

5 在脸的两侧用操作棒沿着根部将小球固定好，然后再做出耳窝。

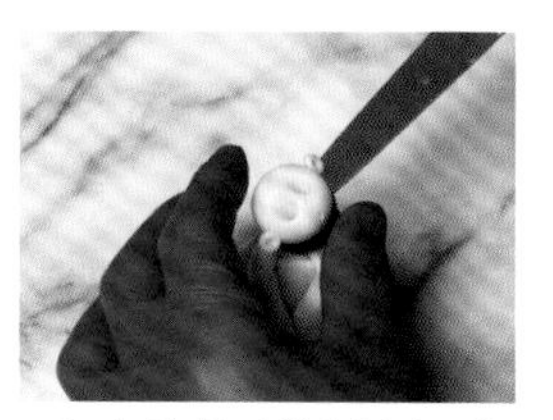

6 在头背面蘸少量水，把头部粘在躯干上。将头部稍微倾斜一点安装，会使整体形态更加生动可爱。

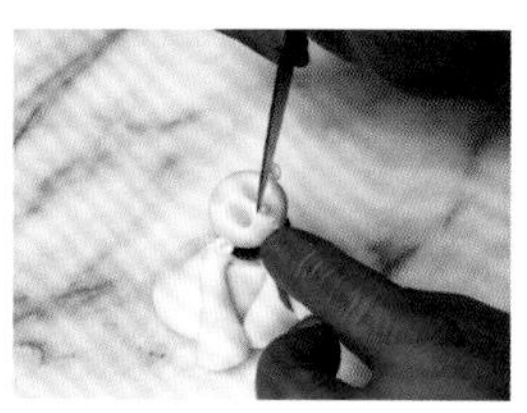

7 将粉红色的杏仁饼面团揉成小块粘在脸上，做成鼻子。

翅膀

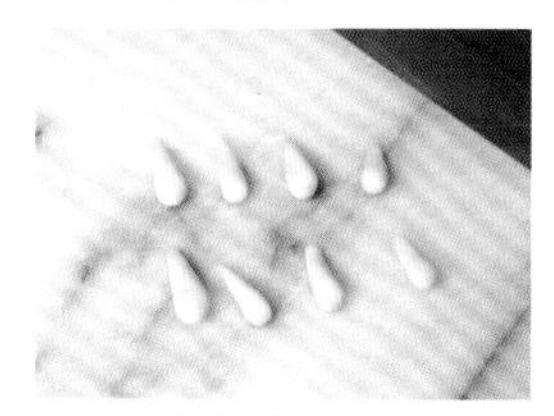

1 用白色杏仁饼面团制作 8 个长约 3 厘米的圆锥体。

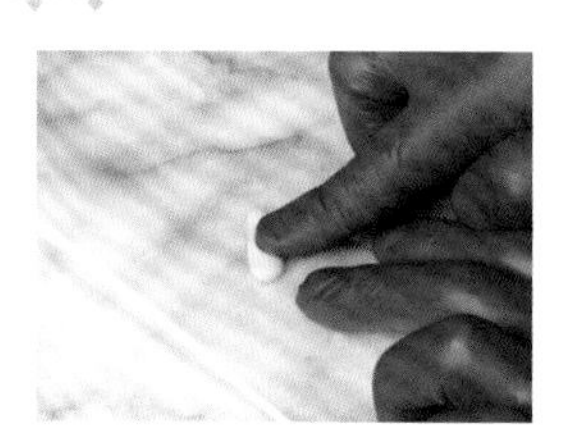

2 将其夹在塑料包装纸之间，用手指按压拉伸。圆锥底部那一端尽量不用按压，只按压调整出厚度的变化即可。

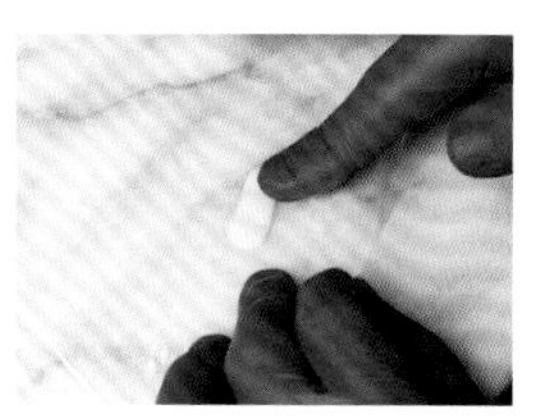

3 尖的那一端要按压延展开，做的更薄一些。

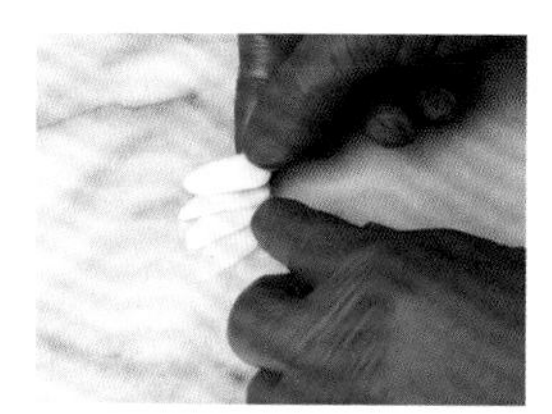

4 将四枚翅膀按照厚度逐步递增的顺序叠放粘在一起。

5 捏住翅膀的根部使其变尖，然后向外轻轻弯曲翅膀前端增加动感。

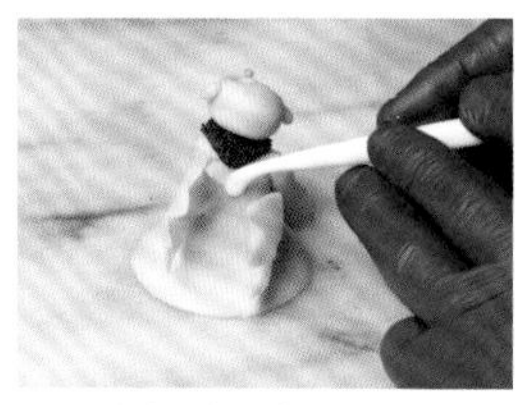

6 在翅膀根部蘸少量水，将其插入躯干上预先做好的孔中，用操作棒按压使其粘得更紧密。

完成造型

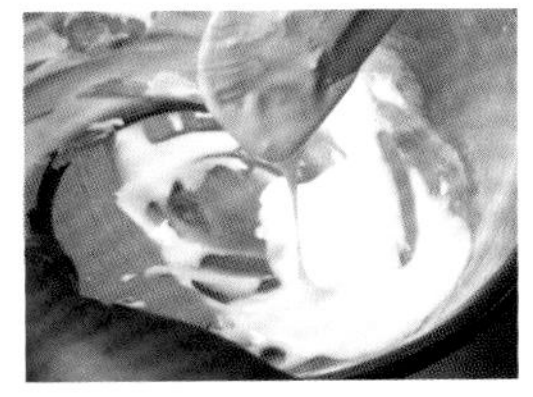

1 将蛋清与糖粉混合搅拌成蛋白糊。搅拌至尖端不直立的打发状态为最佳。

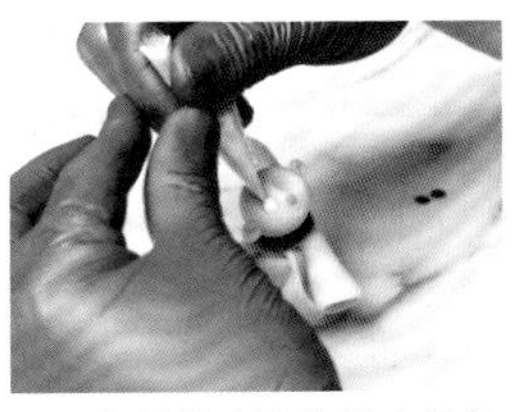

2 将其装入裱花袋中并挤压在眼窝处。

3 制作出黑色杏仁饼小球，并将其压扁，粘贴在蛋白糊上。使黑色眼睛位于眼窝顶部做出只看得到下眼白的效果。

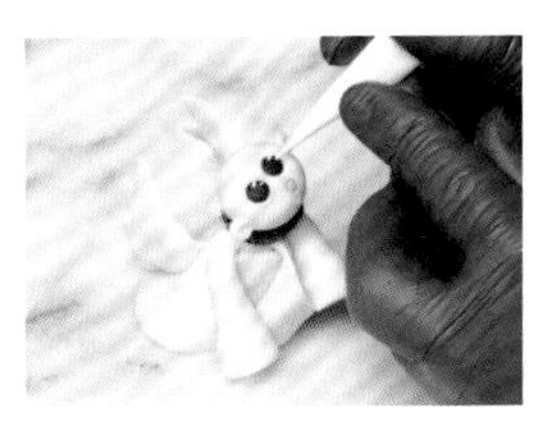

4 用蛋白糊点出眼中的光。

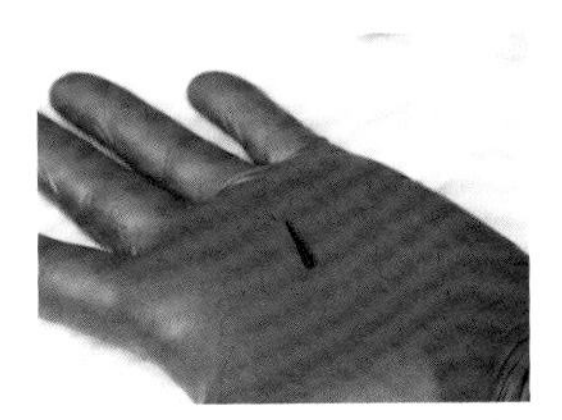

5 取黑色杏仁饼面团揉成尖端非常细的水滴状。做出三根相似造型配件。

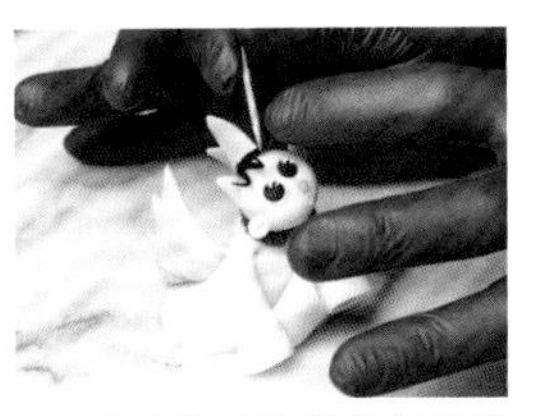

6 将水滴形配件较粗那端粘在头顶做成头发，用牙签将头发的尖端卷曲做出造型。

7 取黄色杏仁饼面团拉细，沿着裱花嘴底端围一个圈塑形。

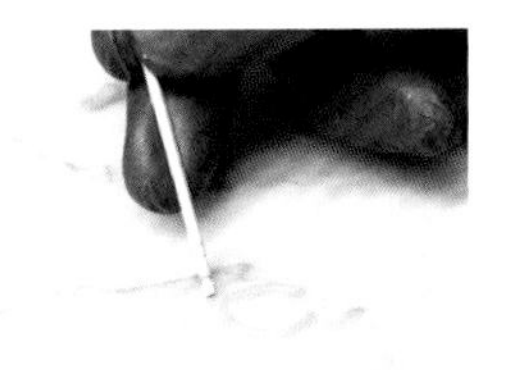

8 取下裱花嘴将其整理为不闭合环形。将一个小球粘在一侧端口上。

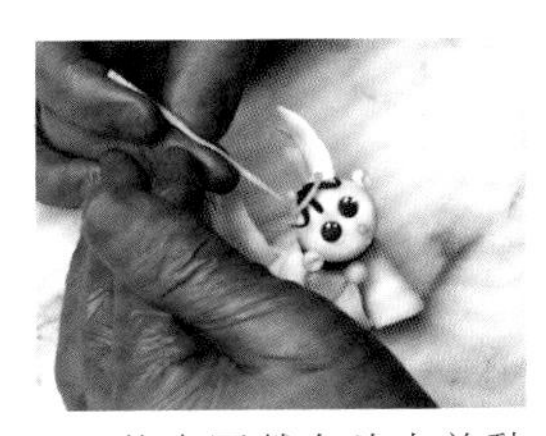

9 将光圈戴在头上并黏合。用黄色杏仁饼面团制作一个小球，然后将其粘在围脖上。

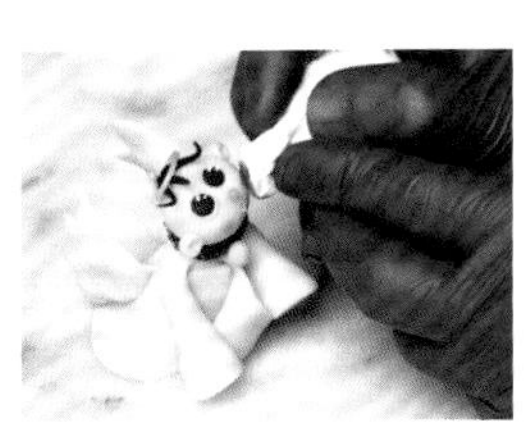

10 揉搓纸巾，蘸取用酒精溶解的粉红色颜料后将其按在脸颊上。完成这一步后，将整个造型放置干燥一会。

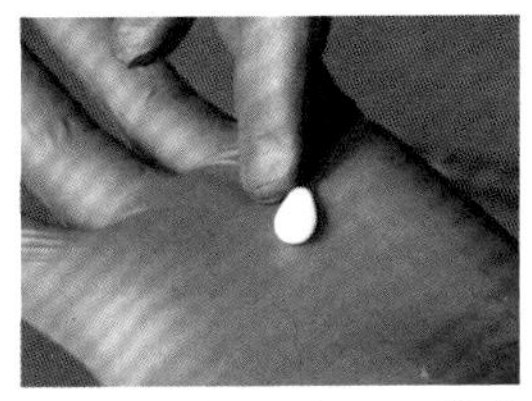

11 用白色杏仁饼面团做成大约 1.5 厘米的水滴形，用手指稍稍按压较细一端使其略微凹陷。

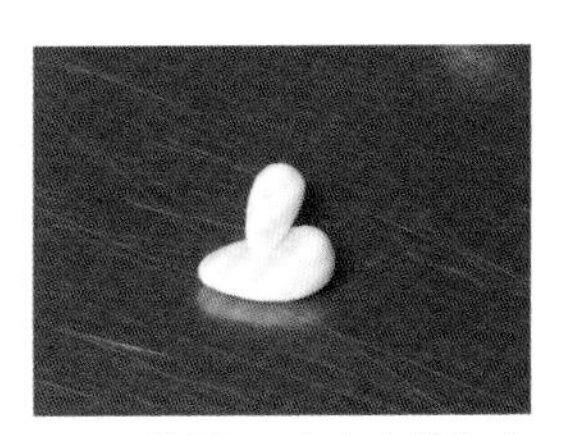

12 再制作一个大小约为步骤 11 成品一半的水滴形，并将其粘贴在步骤 11 成品的顶部。

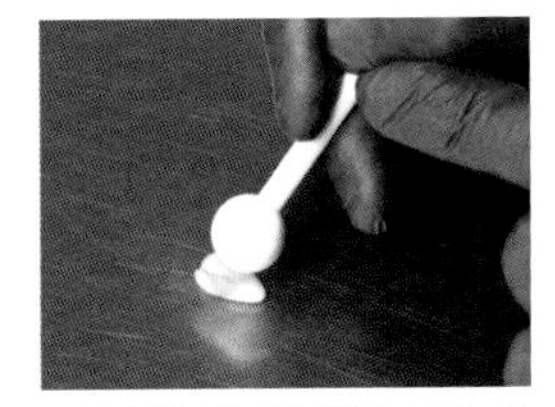

13 用操作棒按压其做出手形。

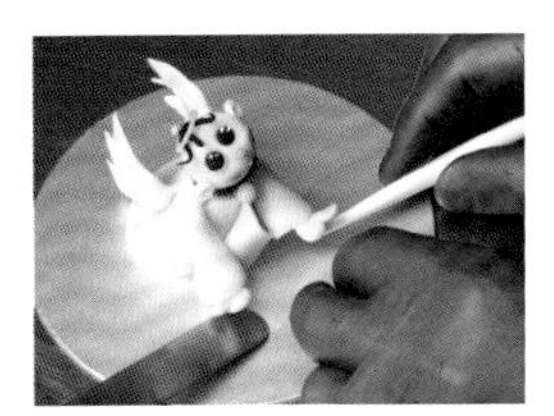

14 在尖端蘸少量水，将其插入衣袖的孔中并粘合，用类似抹刀等工具将其固定住，以免其掉落。用相同的方法制作另一只手并将其粘上。如果衣袖没有彻底干燥，手部造型的重量会把衣袖拉长，因此在粘手部配件之前，请务必确保之前做好的造型已完全干燥成形。

15 因为手部较重，极易从整体上脱落，因此在干燥前请保持抹刀或者操作棒放置不动以保证其粘牢固。

蛋糕的完成

1 在 6 号尺寸的蛋糕上浇上焦糖色巧克力淋面酱。

2 留出约 4 厘米的边缘，将草莓摆放在蛋糕的顶部中心。切掉最中间那颗草莓的尖。

3 请参阅第 104 页“糖盘造型”的步骤 1 ~ 6 来制作直径约为 4 厘米的圆糖片盖在正中间的草莓上。

4 将杏仁饼天使放置在糖片上。只要能保持“天使”稳定即可，也可以使用巧克力板代替糖片。

5 将插签插入草莓和覆盆子顶端，使花萼朝上。

6 将其插入草莓之间。调整出高度变化更能够加强立体效果。

7 将装饰卡片放入“天使”手中，在蛋糕的边缘处撒上烤过的开心果以完成最后的装饰。

尽享透明感乐趣的吉利丁作品

在果汁中加入吉利丁制成的膜片既薄又软。当您将其放置在蛋糕上时，它会形成自然的褶皱，且每当有轻轻的震动，它都会摇晃着透出蛋糕的层次乃至引起光线的漫反射以营造出不同的形态。就算是与其他具有相同透明感的装饰配件相比，它也具有强于糖果的防潮性以及果冻的造型持久性，因此它是能够表现出蛋糕透明性所特有的美感的理想部件。

它不仅造型持久性好，融化在口中的口感也非常好，因此您也可以将其做成酱料以搭配蛋糕的整体口味。

秘密

吉利丁造型片

1 将占果汁量10%的吉利丁溶解在覆盆子浓缩果汁中，使用沉淀器将其注入放置在塑料包装纸上的环形模具中，厚度为距边缘2～3毫米。

2 请注意，吉利丁的使用量大会造成它会迅速从边缘开始凝固，因此，如果如图中所示从中心注入，则会留下注入痕迹且表面也不光滑。出现的气泡可以用喷火枪等快速加热以消除。

3 您可以通过改变使用的果汁来制作各种各样颜色的吉利丁造型片。照片中使用的是浓缩的黑醋栗汁。

4 放入冰箱冷藏室冷却，在完全凝固成形后取下环形模具。

蛋糕的完成

1 叠套大小不同的环形模具，在两环之间倒入巧克力慕斯，冷冻制成慕斯环。用可可脂稀释巧克力专用的棕色颜料，装入喷枪后将蛋糕整体喷涂均匀。

2 将第一步制成的环形切除一部分制成字母C形，将其放置在做好巧克力淋面的蛋糕上。将巧克力马卡龙排列粘贴在侧面。

3 将抹茶小蛋糕放在慕斯巧克力环中。

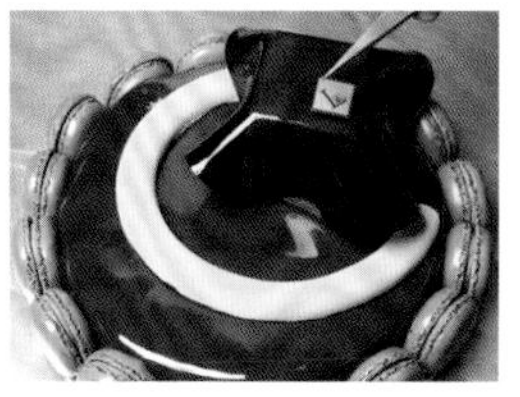

4 在抹茶小蛋糕上盖上吉利丁造型片，粘一块蛋糕装饰卡片。

5 请参阅第100页，制作条纹板并将其装饰在巧克力慕斯环上。

6 将制成的巧克力边角装饰在巧克力慕斯圈上以完成最后的装饰。

美丽源于毁灭

装饰精美的蛋糕被掀起，奶油被挤碎，精致的糖果碎片四散开来。

这种被掀翻、不完整的蛋糕不知为何却出人意料的具有吸引人们的魅力。

据说神田大厨是在很多会场上看到了许多令人惋惜的被毁坏的作品之余，突然发现了在那些常规的堆放装饰出的作品上无法表达出来的自然而然吸引人的魅力。

那一瞬间他便被触动到了，它推翻了之前根深蒂固的“装饰＝堆放”的概念，并在其脑海中诞生出了“摧毁即完成”这一创作灵感。

破碎的抹茶蛋糕

蛋白霜装饰

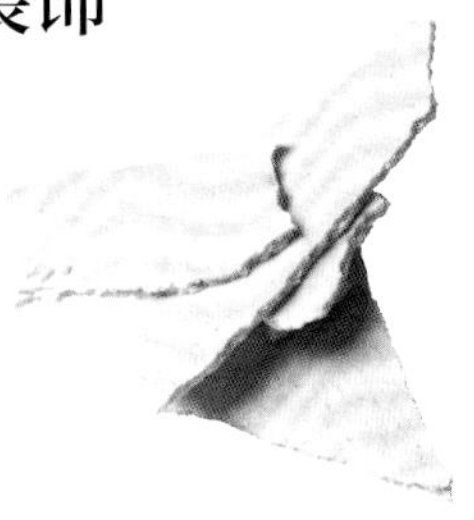

瑞士风蛋白霜

【配料】

蛋清	125克
砂糖	250克
粗砂糖	30克
香草豆	1/2根

1 将蛋清中加入半份砂糖打发至八成，加入剩余全部材料继续打发，制成富有光泽的瑞士风蛋白霜。将其铺在烘焙纸上。

2 刮薄至2毫米左右的厚度。

3 在120°C下烘烤25分钟，直到全部焦糖化上色为止。

4 将其分成手掌大小的碎片。分割出的形状造型丰富一些更利于后期进行造型装饰。

蛋糕的完成

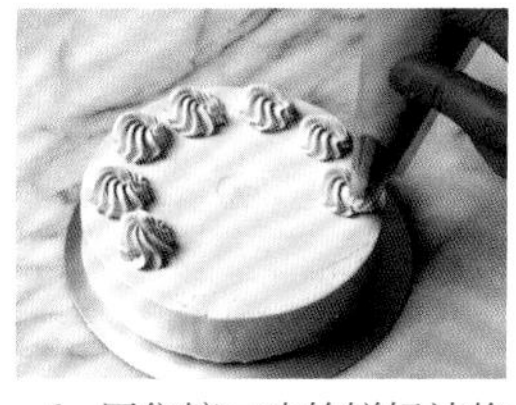

1 用焦糖口味的鲜奶油将6英寸大小的蛋糕抹面。用10毫米10头星形裱花嘴在蛋糕表面边缘上挤出花形。

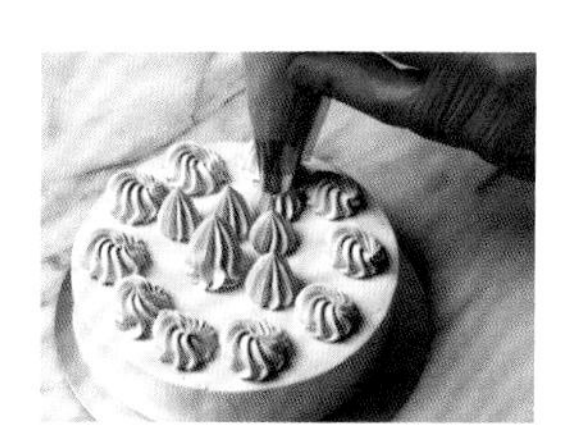

2 在蛋糕中心部位，用奶油挤出的花形组成一个三角形。

3 将做好的蛋白霜碎片装饰在蛋糕顶部。可以随意地将其做出靠在奶油花上或分层堆叠等多样的装饰效果。

4 用蛋白霜碎片覆盖住整个顶面。

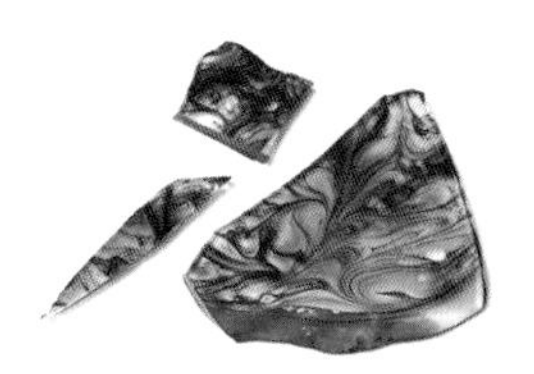

5 参照第104页“糖果造型”中步骤1～5的手法制作一个大理石图案的糖盘，并将其分割成小片。

6 将糖果碎片均匀地撒在蛋白霜碎片上。

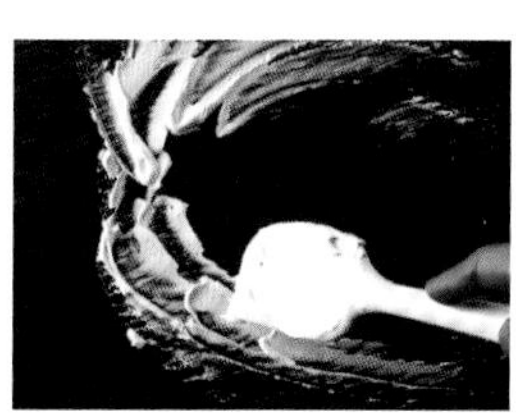

7 用橡皮刮刀在要安放蛋糕的底台上涂抹奶油。不要单调地进行涂抹，擦涂会制作出更富有变化的效果。

8 将蛋糕翻转到步骤7做出的表面上。装饰品飞散开来形成的造型会更有趣，所以需略微用力将它翻转过来。

9 在蛋糕的背面用奶油全部涂满。

10 用蛋白霜碎片覆盖住整体。

11 将糖果碎片均匀地撒在蛋白霜碎片上。

12 撒上糖粉，大功告成。

6 位主厨的个人简介
以及完成作品所使用的工具

德永纯司

1979年生于日本爱媛县。高中毕业后，他在日本关西地区的一家酒店里接触到了餐厅服务和烹饪行业，并在20岁那年成为一名糕点师。在关西的糕点店和酒店积攒了10年的经验之后，他于2004年被选为担任大阪丽思卡尔顿酒店“La Baie”的糕点主厨。自2007年以来，他一直在东京丽思卡尔顿酒店担任糕点厨师和巧克力师。他在日本国内无数的比赛中取得名次，并代表日本队参加了“2015年度世界杯甜品大赛”并获得了亚军。2016年转入东京湾洲际酒店，成为行政总厨糕点师。

制作本书中列举的作品所使用的工具（顺序：由左及右，从上到下）

喷枪、硅胶模具、模具（2种）、抹刀（2种）、封口印章、割板、橡胶梳、刮刀（2种）、刀（2种）、制糖工艺用切模、牛轧糖切刀、切模、松饼模、自制模具（塑料、硅胶）、翻糖花边模具。

上霜考二

1975年生于日本兵库县。从Tsujicho集团（在日本大阪、东京及法国设立了料理专门学校）法国学校毕业后，继续在诺曼底地区的法式蛋糕坊学习。1995年返回日本后，在东京湾洲际酒店和三国饭店工作之后，他于2005年成为“Passerie Jean Millet Japan”的糕点师。2008年，他转到新开业的东京艾格尼丝饭店的“Le Coin Vert”法式蛋糕店，担任厨师。他在2015年上映的电影《街角洋果子店》中监督糖果制作手法。2017年独立创业。

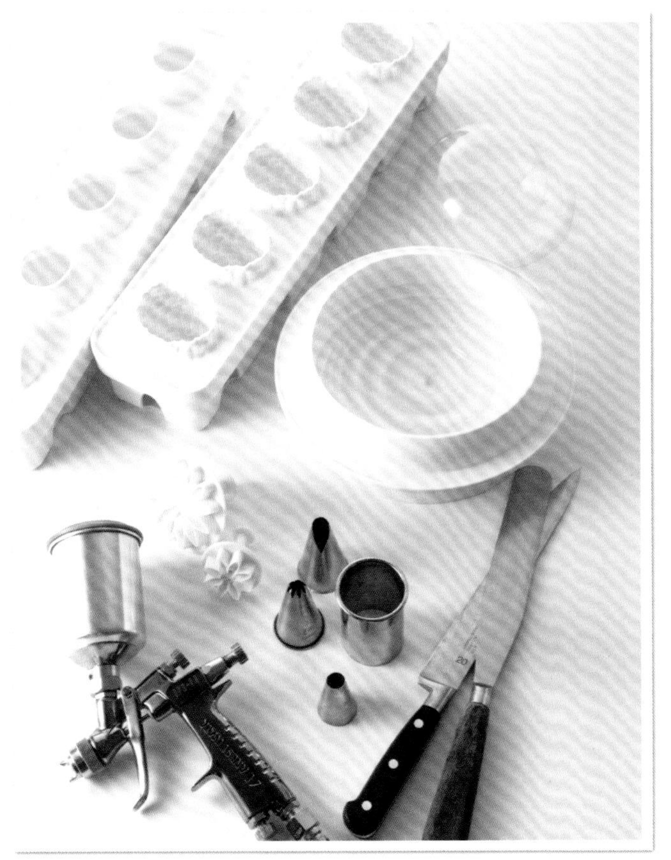

制作本书中列举的作品所使用的工具（顺序：由左及右，从上到下）

硅胶模具（3种）、半球形塑料模具、喷枪、制糖工艺用切模、裱花嘴3种、环形切模、刀、抹刀。

中山和大

1981年生于日本长野县。先后在“六本木新城俱乐部”和“东京文华东方”酒店接受培训。2012年加入滋贺县的“Club Harie”（哈利俱乐部），并于2014年在“Occitanial”（东京一间法式甜品店）开幕时担任厨师。在2007年获得“Japan Cake Show Tokyo”（日本东京蛋糕展）的大型糖果工艺类作品项目金牌后，又在2008年的“亚洲西点师竞技大赛”中同时获得了“最佳糖艺造型作品奖及造形蛋糕最佳作品奖”和“亚洲西点大赛团队奖”的优胜称号等，一直活跃于各大比赛中。他曾两次代表日本参加“世界杯西点大赛”，并在2015年作为代表以巧克力甜品和糖艺造型作品获得亚军。

制作本书中列举的作品所使用的工具（顺序：由左及右，从上到下）

喷枪、管状丙烯酸、自制硅胶模具（2种）、三角梳、硅胶模具（3种）、环型切模、椭圆形切模、自制转印纸、制革工艺打孔器（2种）、切模（4种）、刀子、抹刀、糖果制图模（2种）、制糖工艺用切模。

滨田舟志

1975年生于日本和歌山县。其父母经营着一家已有三十多年历史的糕点店，在父母的熏陶下，他从小就渴望成为一位糕点师。高中毕业后，他加入了“维也纳糖果工作室”。工作9年后，他去了法国，并在多家巧克力店和甜品店学习了6年。回到日本，在“La Terre Patisserie”西点店担任首席厨师8年后，他独自创业。2011年，他获得了“日本东京蛋糕展”糖果工艺类别的金牌，并于2012年获得同一赛事的大型蛋糕类别组的大会会长奖。2014年还获得了“法式国王饼制作大赛”的优胜奖。

制作本书中列举的作品所使用的工具（顺序：由左及右，从上到下）

刀、抹刀、刮刀、黄油奶油裱花袋、裱花嘴（2种）、曲奇切模（3种）、三角梳、花钉（2种）。

山名范士

1973年生于日本东京。高中毕业后，他进入由其父亲经营的位于大阪的西式糕点店“Yum Yum Inner Trip”，并学习了如何制作法式糕点。1999年成为厨师，并参与家族企业在大阪和京都店的运营。其店深受喜爱雅致格调的消费者喜爱，曾经还推出过一款名为“Naomi”的招牌产品。2010年他回到高轮这片他出生和长大的土地，创立了“塞米尼翁”。

制作本书中列举的作品所使用的工具（顺序：由左及右，从上到下）

割板（2种）、喷枪、方形切模、环形切模、松饼模、裱花嘴、打火机、气球、抹刀、刷子。

神田广达

1972年生于日本东京。自家经营了一家日式糕点店，所以从小就认为自己以后成为职业糕点师是理所当然的。18岁那年，他接受了4年培训，领悟了法式甜点的魅力。1995年，他在国内外糕点比赛中赢得了无数奖项，包括法国“让·玛丽·西伯纳雷尔世界大赛”的亚军；25岁时，他接手了父亲的店铺并于1998年在秋津市创立了名为“L'automne”的店铺。2010年在中野增开了第二家。2019年，他在美国拉斯维加斯创立了铁板烧/铁板烧甜点专门店“Tatsujin X”。热衷于不断尝试开拓新的领域。

制作本书中列举的作品所使用的工具（顺序：由左及右，从上到下）

置物架、喷枪、环形切模（3种）、裱花嘴、喷火枪、抹刀（2种）、刀（2种）、镊子、刮刀、巧克力专用模具、刷子、杏仁饼操作棒、杏仁饼擀面杖。

图书在版编目（CIP）数据

创意人气糕点装饰技法 / 白雪工作室编著；刘薇译
. —北京：中国轻工业出版社，2023.8
ISBN 978-7-5184-2851-9

Ⅰ. ①创… Ⅱ. ①白… ②刘… Ⅲ. ①糕点—制作
Ⅳ. ① TS213.23

中国版本图书馆 CIP 数据核字（2019）第 289983 号

责任编辑：卢　晶　　责任终审：劳国强
整体设计：锋尚设计　　责任校对：宋绿叶　　责任监印：张京华

出版发行：中国轻工业出版社（北京东长安街6号，邮编：100740）
印　　刷：北京博海升彩色印刷有限公司
经　　销：各地新华书店
版　　次：2023年8月第1版第1次印刷
开　　本：787×1092　1/16　印张：8
字　　数：200千字
书　　号：ISBN 978-7-5184-2851-9　定价：68.00元
邮购电话：010-65241695
发行电话：010-85119835　传真：85113293
网　　址：http://www.chlip.com.cn
Email：club@chlip.com.cn
如发现图书残缺请与我社邮购联系调换
191156S1X101ZYW